Sudha E
Pathaneni Sivaswaroop
K. P. Subhash Chandran

Síntese de nanotubos de carbono ligados a peptídeos

Sudha E

Pathaneni Sivaswaroop

K. P. Subhash Chandran

Síntese de nanotubos de carbono ligados a peptídeos

ScienciaScripts

Imprint

Any brand names and product names mentioned in this book are subject to trademark, brand or patent protection and are trademarks or registered trademarks of their respective holders. The use of brand names, product names, common names, trade names, product descriptions etc. even without a particular marking in this work is in no way to be construed to mean that such names may be regarded as unrestricted in respect of trademark and brand protection legislation and could thus be used by anyone.

Cover image: www.ingimage.com

This book is a translation from the original published under ISBN 978-620-2-00401-5.

Publisher:
Sciencia Scripts
is a trademark of
Dodo Books Indian Ocean Ltd. and OmniScriptum S.R.L publishing group

120 High Road, East Finchley, London, N2 9ED, United Kingdom
Str. Armeneasca 28/1, office 1, Chisinau MD-2012, Republic of Moldova, Europe
Printed at: see last page
ISBN: 978-620-7-73579-2

Índice:

Capítulo 1	2
Capítulo 2	6
Capítulo 3	25
Capítulo 4	43

Capítulo 1

1.1 Introdução

A funcionalização de nanotubos de carbono (CNT) com biomoléculas é uma direção relativamente nova na exploração da química dos CNT para servir de base a novas ferramentas de diagnóstico[1,2] . Os péptidos são materiais potenciais que foram identificados como uma fonte promissora de candidatos a medicamentos com interesse farmacêutico[3] . O conjugado péptido-CNT pode ser utilizado para conceber biossensores ultra-sensíveis e ferramentas de diagnóstico para aplicações médicas, ambientais e de segurança[4-7] . O presente trabalho descreve a modificação funcional da resina de polietilenoglicol (PEG), a síntese de modelos de péptidos concebidos utilizando a estratégia de síntese de péptidos em fase sólida (SPPS) neste novo suporte sólido e liga-os a nanotubos de carbono. A resina sintetizada tem um ótimo equilíbrio hidrofílico-hidrofóbico e bio-compatibilidade. O conjugado CNT-Peptídeo obtido é caracterizado e estudado para futuras aplicações biomédicas.

Desde a sua criação, a síntese de péptidos em fase sólida (SPPS) tem sido um processo poderoso para a preparação de péptidos[8] . O triunfo desta estratégia depende da seleção sensata do suporte sólido, dos reagentes e dos esquemas de proteção[9,10] . De entre estes parâmetros, o suporte sólido tem um papel fundamental no resultado sintético global. Nas últimas três décadas, a síntese suportada por polímeros alcançou um lugar importante na síntese de polipéptidos[11] . A síntese de péptidos tornou-se muito importante para as avaliações estruturais e previsões de reatividade de muitos compostos com uma estrutura semelhante à dos péptidos, por exemplo, hormonas que só podem ser obtidas na natureza em micro volumes. Os péptidos sintéticos têm aplicação em todos os domínios da investigação biomédica, incluindo a imunologia, a neurobiologia, a farmacologia, a enzimologia e a biologia molecular[12] . A síntese química de péptidos com a estrutura que ocorre naturalmente é possível; foi utilizada para o desenvolvimento de vacinas artificiais e de medicamentos potentes que podem substituir os medicamentos convencionais com vários efeitos secundários[13] . O estudo da relação entre a estrutura e a atividade de péptidos importantes para a indústria exige também a preparação de muitos péptidos idênticos. A importância da molécula modelo de péptido proposta é a ocorrência de blocos de péptidos com grupos laterais de lisina quimicamente endereçáveis. Esta molécula modelo pode ainda ser seletivamente funcionalizada utilizando os resíduos de lisina nela presentes.

Nas últimas décadas, as resinas de poliestireno têm sido a primeira escolha para a síntese de péptidos com suporte sólido devido à sua eficiência na síntese de péptidos pequenos. Atualmente, verifica-se que o ambiente hidrofóbico da resina de poliestireno amplifica o comportamento de agregação do péptido, tornando a síntese de péptidos de cadeia longa extremamente difícil ou mesmo impossível[14] . Os produtos brutos de grandes péptidos sintetizados em resinas de poliestireno resultam numa mistura de sequências de eliminação e fragmentos incompletos[15] . As resinas enxertadas com polietilenoglicol ajudaram a obter melhores purezas de péptidos em bruto, tornando a resina mais polar e melhorando as propriedades de inchaço em solventes polares e não polares[16] . Como desvantagem, estas resinas enxertadas com PEG apenas permitem cargas mais pequenas e são quimicamente menos estáveis, o que conduz a uma potencial lixiviação durante a fase de clivagem[17] . As características específicas dos resíduos de polietilenoglicol importantes para as aplicações farmacêuticas são a hidrofilicidade, a ausência de toxicidade, a baixa imunogenicidade, comprimentos de cadeia e pesos moleculares bem definidos.

Merrifield introduziu a síntese em fase sólida para obter uma síntese mais eficiente dos péptidos[18] . Neste método sintético, o péptido em crescimento era incorporado de forma gradual, enquanto a extremidade carboxílica do péptido era ancorada a um suporte de resina e o péptido era montado da extremidade carboxílica à extremidade amino. A invenção de Merrifield constituiu a base de uma técnica inovadora de síntese de péptidos que tem sido utilizada até à data com várias melhorias e aperfeiçoamentos metodológicos. A conceção de suportes poliméricos, a sua química e as aplicações para a síntese de péptidos foram amplamente analisadas[19] .

A resina, sob a forma de grânulos de 200-400 mesh, possuindo uma estrutura de gel poroso que permite a pronta penetração de reagentes, especialmente na presença de solventes de dilatação, é normalmente utilizada como suporte de resina para SPPS. Um suporte polimérico eficiente para a síntese de péptidos deve possibilitar as diferentes reacções orgânicas que ocorrem tanto em solventes polares como não polares. É provável que os suportes de resina apresentem o melhor equilíbrio hidrofílico/hidrofóbico. A estabilidade física da resina polimérica é também um facto importante na síntese de péptidos. A eficiência da SPPS depende da capacidade da resina polimérica para absorver solventes e do suporte ancorado no péptido em vários solventes.

Atualmente, têm sido utilizados suportes sólidos com propriedades diferentes. O suporte de resina normalmente utilizado é um PS reticulado com 1% de DVB. Apesar das características do suporte de resina selecionado, este deve possuir sítios funcionais adequados aos quais possa ser feita a ligação inicial do aminoácido. A resina PS-DVB sofreu, e continua a sofrer, uma série de modificações e melhoramentos devido à incongruência física e química da cadeia peptídica e ao ambiente macromolecular hidrofóbico rígido criado pela rede polimérica do suporte. No presente trabalho também se procura sintetizar uma resina polimérica de alta qualidade que possua as características necessárias para um suporte sólido eficiente em SPPS.

Este trabalho descreve a preparação e a relevância da resina de polietilenoglicol funcionalizada, para a produção de péptidos biologicamente activos e de modelos de péptidos concebidos, a síntese de nanotubos de carbono e a sua modificação química, seguida da fixação de péptidos com importância biológica e de modelos em nanotubos de carbono (CNT) para o fabrico de uma plataforma para o desenvolvimento de uma ferramenta de diagnóstico ultrassensível.

1.2 Objetivo do trabalho

A síntese em fase sólida é uma área amplamente explorada para o desenvolvimento de moléculas biologicamente importantes. As resinas poliméricas são utilizadas como suporte sólido no qual os ligantes adequados podem ser ligados covalentemente. Com o objetivo de sintetizar um péptido biologicamente ativo, foi sintetizado um suporte de resina polimérica, o Polietilenoglicol (PEG) funcionalmente modificado, com um equilíbrio hidrofílico/hidrofóbico ótimo e bio-compatível. Uma série de péptidos biologicamente relevantes e um modelo de péptido são preparados neste suporte de resina e são ligados covalentemente a nanotubos de carbono para fabricar um andaime de péptido - CNT que pode ser desenvolvido numa ferramenta de diagnóstico, especialmente através da ligação a biomarcadores, este andaime de péptido-CNT pode ser uma ferramenta eficiente de diagnóstico precoce do cancro. Conceção e síntese de novos péptidos utilizando a estratégia de síntese em fase sólida. Um modelo promissor de decapeptídeo sintetizado no suporte PEG utilizando a estratégia de síntese de péptidos em fase sólida[18-20]. Os grupos amino desprotegidos da cadeia lateral podem ser tratados através de uma variedade de métodos de acoplamento químico disponíveis[21]. As moléculas com sítios funcionais adequados podem ser adicionadas à cadeia do modelo peptídico. Os elementos biológicos sensíveis, como os receptores celulares, as enzimas, os anticorpos ou os ácidos nucleicos, podem ser ligados às cadeias laterais deste modelo. Este péptido deca pode ser ligado covalentemente a nanotubos de carbono. A estrutura sintetizada de péptido-nanotubo de carbono pode ainda ser modificada para detetar assinaturas de cancro, agentes infecciosos causadores de doenças e outras condições patológicas[22]. A vantagem dos CNT em relação a outros materiais na aplicação de sensores biomédicos deve-se à sua pequena dimensão, elevada resistência, elevada condutividade eléctrica e térmica e elevada sensibilidade[23-26].

Foi feita uma tentativa de criar uma confluência entre o modelo de péptido e o nanotubo de carbono (CNT) com o objetivo a longo prazo de conceber um instrumento de diagnóstico ultrassensível a partir desta estrutura péptido-CNT. A síntese e a purificação dos nanotubos de carbono também foram efectuadas para melhorar a estratégia sintética relatada[27]. Foi adoptada uma estratégia sintética limpa e económica. A ligação dos peptídeos aos nanotubos de carbono foi feita com várias estratégias de acoplamento disponíveis e o processo foi optimizado para obter um conjugado estável. O potencial deste tipo de molécula de sensor está ainda por explorar, avaliando a viabilidade do conjugado peptídeo-CNT preparado como um bio-sensor e/ou como uma ferramenta para acompanhar as reacções celulares[28-32].

Os principais objectivos do estudo são os seguintes:

- Síntese de resina de polietilenoglicol modificada para sintetizar péptidos com elevado rendimento e pureza.
- Síntese e purificação de CNT.
- Ligação de péptidos a nanotubos de carbono.
- Caracterização de conjugados péptido-CNT.

- Avaliar a viabilidade do conjugado péptido-CNT preparado como bio-sensor e/ou como ferramenta para acompanhar as reacções celulares.

1.3 Conceção de um modelo de péptido conjugado com nanotubos de carbono

Um modelo promissor de decapeptídeo sintetizado no suporte de polietilenoglicol consiste em grupos amino de cadeia lateral livre que podem ser abordados por uma variedade de métodos de acoplamento químico disponíveis. O elemento biológico sensível, como receptores celulares, enzimas, anticorpos ou ácidos nucleicos, pode ser ligado às cadeias laterais deste modelo.

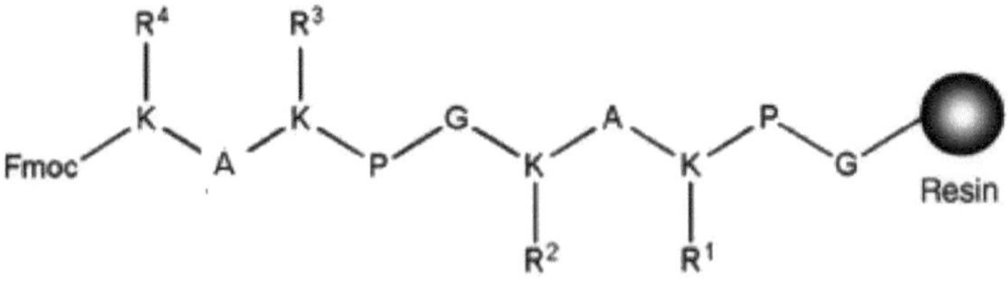

Fig 1.1 Modelo de péptido em resina
Este péptido deca pode ser ligado covalentemente a nanotubos de carbono. A estrutura de nanotubos de carbono sintetizada pode ainda ser modificada para detetar sinais de cancro, agentes infecciosos causadores de doenças e outras condições patológicas. A vantagem dos CNT em relação a outros materiais na aplicação de sensores biomédicos deve-se ao seu pequeno tamanho, boa resistência, condutividade e elevada sensibilidade[33] .

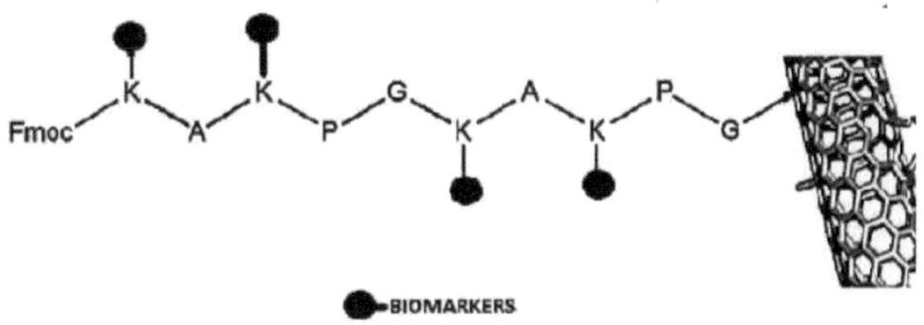

Fig 1.2 Modelo de péptido ligado a CNT O modelo ligado fornece um sítio múltiplo que é um passo promissor para o desenvolvimento de uma ferramenta de diagnóstico ultrassensível para aplicação biomédica. O elemento biológico sensível, como os receptores celulares, as enzimas, os anticorpos ou os ácidos nucleicos, pode ser ligado às cadeias laterais deste modelo.

A tese foi dividida em cinco capítulos: o capítulo 1 apresenta uma breve introdução ao trabalho realizado, o objetivo do trabalho e a conceção do modelo de péptido-CNT. O capítulo 2 apresenta uma introdução à estratégia SPPS, a importância dos suportes de resina polimérica e as vantagens da utilização de um suporte de resina de polietilenoglicol (PEG), o conceito de modelos de péptidos e as suas aplicações após a ligação de nanotubos de carbono (CNT), métodos gerais para a síntese de nanotubos de carbono. O Capítulo 3 é uma descrição pormenorizada das investigações experimentais efectuadas e o Capítulo 4 é constituído pelos resultados e discussões. O Capítulo 5 conclui a tese com o âmbito e as aplicações futuras do modelo peptídico ligado a nanotubos de carbono.

Capítulo 2
Pesquisa bibliográfica
2.1. Métodos gerais para a síntese de péptidos em fase sólida

Desde a sua introdução, a estratégia de síntese de péptidos em fase sólida (SPPS) tornou-se um método poderoso para a preparação de péptidos -[14]. O resultado de uma síntese de péptidos em fase sólida requer principalmente a seleção cuidadosa do suporte de resina polimérica, dos reagentes e dos métodos de proteção. A síntese suportada por polímeros alcançou um lugar importante na síntese de polipéptidos nas últimas três décadas[5-8]. Os péptidos sintéticos têm aplicação em todas as áreas da investigação biomédica, incluindo a imunologia, a neurobiologia, a farmacologia, a enzimologia e a biologia molecular[9]. A síntese química de péptidos com a estrutura que ocorre naturalmente é possível; foi utilizada para o desenvolvimento de vacinas artificiais e de medicamentos potentes que podem substituir os medicamentos convencionais com vários efeitos secundários. A síntese de muitos análogos de péptidos é muito necessária nos estudos farmacêuticos e biológicos.

Merrifield introduziu a síntese em fase sólida para obter uma síntese mais eficiente dos péptidos. A ideia básica deste método de síntese é que os aminoácidos foram acoplados passo a passo, enquanto a extremidade carboxílica do péptido foi acoplada a um suporte de resina polimérica inerte e o péptido cresceu da extremidade carboxílica para o resíduo da extremidade amino. Convencionalmente, o aminoácido N-terminal foi ancorado ao suporte de polímero e o péptido foi desenvolvido do N-terminal para o C-terminal. Esta técnica não é tão popular porque a clivagem do suporte em condições moderadas não é possível e existe sempre o problema da racemização. A invenção de Merrifield constituiu a base de uma nova técnica de síntese de péptidos que tem sido utilizada até à atualidade com várias melhorias e aperfeiçoamentos metodológicos. A conceção do suporte polimérico, a sua química e as aplicações para SPPS foram objeto de uma extensa revisão[5-7].

No método modificado de Merrifield, a síntese por etapas é efectuada para formar o péptido alvo[8,9]. Esta abordagem pode eliminar a possibilidade de racemização[10]. Na verdade, esta técnica envolve a incorporação de N a-aminoácidos num péptido de qualquer sequência desejada, permanecendo uma extremidade da sequência ligada a uma matriz de suporte sólido. Após a obtenção da sequência desejada de aminoácidos, o péptido pode ser simplesmente removido do suporte polimérico.

O método de preparação utilizando o grupo protetor carboxilo de baixo peso molecular tem muito poucas aplicações, devido à sua reduzida solubilidade em solventes orgânicos polares que não permitem uma reação uniforme. O processo como reação heterogénea também não é muito apreciável devido à dificuldade de filtragem dos reagentes.

O método Merrifield utiliza um suporte polimérico rígido que pode ser facilmente filtrado, como o PS reticulado, que pode ser utilizado como grupo protetor para o aminoácido terminal carboxílico da cadeia peptídica. A sequência peptídica necessária foi formada de forma gradual, ligando o aminoácido C-terminal temporário com o grupo amino protegido à resina PS-DVB reticulada[11].

Após a remoção da N-proteção, é adicionado o aminoácido sucessivamente protegido com N e o acoplamento é repetido até que todo o péptido necessário seja incorporado na resina polimérica. Utiliza-se a diciclohexilcarbodimida (DCC) como agente de acoplamento[24] , e todas as etapas são efectuadas em solventes orgânicos. A molécula alvo foi desprotegida e separada da matriz polimérica por acidólise com HF ou ácido trifluoroacético anidro na presença de sequestradores adequados.[12,13] .

Embora seja possível sintetizar péptidos de elevada pureza através do método clássico de fase de solução, este método apresenta as seguintes limitações

i) O método é lento, fastidioso e trabalhoso. Após cada adição completa de aminoácidos, o péptido intermédio é separado de quaisquer reagentes restantes antes da sua caraterização, o que leva a um tempo de síntese longo.

ii) A insolubilidade crescente da cadeia peptídica em crescimento no meio de reação causa problemas tanto na purificação como na fase de acoplamento seguinte, o que resulta no fim do alongamento da cadeia peptídica.

ii) Métodos como a cromatografia e a cristalização, necessários durante a síntese, resultam numa redução considerável da produção do péptido.

A síntese de péptidos em fase sólida tem as seguintes vantagens em relação ao método clássico de fase de solução.

i) O péptido é sintetizado enquanto o seu terminal C está ligado covalentemente a um suporte de resina de polímero que é insolúvel. Isto permite a separação simples da cadeia peptídica do excesso de aminoácidos não utilizados ou de subprodutos.

ii) As reacções são completadas utilizando um excesso de reagentes e de reagentes.

iii) A perda mecânica é reduzida porque o péptido em crescimento é retido no polímero num único recipiente de reação durante toda a síntese.

iv) O péptido final é separado do suporte polimérico por uma única etapa de clivagem na etapa final da síntese. O péptido montado não será degradado na fase de clivagem.

v) A operação física envolvida na síntese é simples, rapidamente passível de automatização.

vi) A resina usada pode ser reciclada.

Apesar destas vantagens, o método de fase sólida de Merrifield tem algumas limitações e é modificado mais adiante[14, 15] .

As limitações são:

i) Falta de compatibilidade da resina com a cadeia peptídica em crescimento.

ii)   Diminuição da estabilidade da ligação péptido-resina nas condições de síntese.

iii)   Problemas de equivalência dos grupos funcionais ligados ao suporte polimérico.

iv)   As confirmações dos péptidos alteram os ambientes macroscópicos no interior da matriz polimérica e também devido à ligação dos péptidos à resina.

As dificuldades inerentes à síntese em fase sólida foram maioritariamente ultrapassadas pelo "procedimento em fase líquida" proposto por Bayer e Mutter[16] , que utiliza suportes poliméricos solúveis. Estes grupos macromoleculares determinam as propriedades mecânicas e químicas dos compostos de baixo peso molecular ligados à resina. Esta estratégia permite a remoção efectiva e quantitativa de reagentes.

Todas as reacções ocorrem em solução homogénea em analogia com o sistema de baixo peso molecular. A reduzida simplicidade operacional e as alterações na tendência de cristalização tornam a síntese de péptidos em fase líquida menos versátil.

As principais fases do SPPS são;

1. **Ancoragem** da extremidade carboxilo do aminoácido ao suporte polimérico
2. **Remoção** do grupo de proteção no resíduo N-terminal (desproteção)
3. **Ativação do** aminoácido seguinte no resíduo C-terminal
4. Reação **de acoplamento**
5. Reiniciar os passos de síntese 2 a 4 ou clivar o péptido sintetizado da resina.

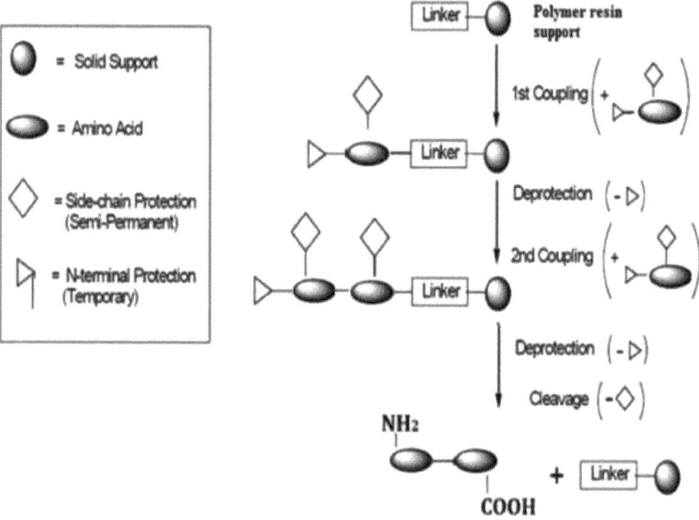

Fig.2.1. Esquema para a síntese de péptidos suportada por resinas poliméricas.

2.2. Suportes de resina de polímero

A estabilidade do suporte sólido em todas as condições de funcionalização e síntese é o principal requisito na síntese de péptidos em fase sólida. Os péptidos apresentam uma menor tendência para se agregarem devido a interacções intermoleculares limitadas quando ligados a um polímero do que em solução real, especialmente a baixos níveis de substituição. A SPPS pode, por conseguinte, ser utilizada para resolver problemas de solubilidade na síntese clássica de péptidos em fase líquida[17-19]. A mobilidade limitada do péptido ancorado ao polímero pode tornar-se uma desvantagem da SPPS. O suporte PS-DVB é a resina habitualmente utilizada para a SPPS utilizando a Boc-Chemistry[20].

A resina de poliestireno com 1% de PS-DVB apresentou uma dilatação e estabilidade óptimas. A solubilidade em reagentes orgânicos aumenta à medida que aumenta o número de aminoácidos ligados à resina[21] . Isto deve-se à redução da energia livre do polímero reticulado com base numa maior solvatação do péptido em crescimento[22] . Foram desenvolvidas várias melhorias neste domínio.

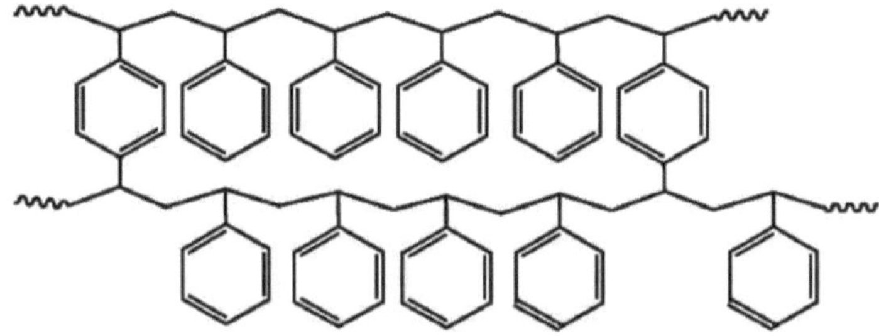

Fig 2.2 Primeiro suporte de resina de SPPS (copolímero de poliestireno-divinilbenzeno) Merrifield foi objeto de uma série de modificações e melhoramentos devido à incongruência física e química entre a cadeia peptídica em crescimento e o ambiente macromolecular hidrofóbico rígido criado pela rede PS-DVB do suporte.

Para otimizar a estrutura da resina na SPPS, Sheppard introduziu uma resina polar de polidimetilacrilamida, que é estruturalmente semelhante à espinha dorsal do péptido[23] . Este facto facilita a solvatação da resina peptídica, reduzindo assim o impedimento estérico durante a desproteção e a reação de acoplamento[24-25] . O gel de polidimetilacrilamida funcionalizado e de ligação cruzada pode ser retido nos poros do keiselguhr fabricado. O suporte incha eficazmente em reagentes polares. Mas em solventes não polares, a medida de dilatação é muito fraca[24] .

A resina mista PEG-PS, uma classe altamente promissora de suporte sólido, é utilizada com êxito na síntese de polipéptidos[25-27] . A dilatação, que é um sinal de boa salvação da resina, é boa para as resinas de poliestireno em solventes não polares ou menos polares como o DCM, enquanto as resinas de poliacrilamida dilatam muito melhor em DMF. Os polímeros mistos PEG-PS apresentam uma excelente dilatação em solventes comuns como o THF, o acetonitrilo e os álcoois. A polaridade semelhante dos péptidos e do suporte de poliacrilamida, ambos bem solubilizados em DMF, torna o suporte adequado para SPPS[28] . Com base nas interacções solvente-resina, foi introduzida a poliacrilamida, enquanto inicialmente eram utilizados suportes de poliestireno[29] .

A primeira resina sintética estável ao fluxo foi obtida por polimerização do gel macio de poli (dimetilacrilamida) no interior de uma matriz sólida de suporte de keisalghur[30] . O poliestireno enxertado em películas de polietileno foi utilizado para a síntese de péptidos em condições não polares. O polipropileno e o algodão revestidos com polihidroxilpropilato mostraram-se promissores como suportes em condições polares[31] .

As resinas inertes reticuladas de polietilenoglicol, tais como o poli-oxietileno-poli-oxipropileno (POEPOP) e o poli (oxietileno) poliestireno (POEPOS), foram eficazmente utilizadas como resinas flexíveis e biocompatíveis no SPPS[32-33].

Nos trabalhos preliminares de preparação de péptidos suportados por polímeros, as diferentes conversões nos resíduos de amino, por exemplo, acetilação, tratamento com succinimida ou reacções de acoplamento para a preparação de imunogénios, podem ser obtidas por vários processos ou através de síntese consecutiva. É fácil sintetizar instantaneamente o péptido idêntico ligado a diferentes grupos de ancoragem e clivar para obter ácido péptido, amida, hidrazida ou fragmento protegido em síntese múltipla de péptidos[34]. O método do "saquinho de chá" proposto por Hougten enquadra-se na antiga estratégia de síntese de péptidos múltiplos[34]. No método do "saquinho de chá", utilizou-se poliestireno em pacotes de malha de polipropileno como suporte. Geyser et al. desenvolveram o conceito de tecnologia de síntese múltipla de péptidos (PIN) e podem ser preparados muitos péptidos manipulados de uma só vez utilizando esta estratégia[35]. Valerio et al. utilizaram suportes de polietileno enxertado com metacrilato de 2-hidroxietilo na síntese de péptidos multipinos. Frank et al propuseram um método económico para a síntese de péptidos ligados a polímeros com o primeiro aminoácido acoplado a uma folha constituída por celulose[36]. Foram também utilizados cristais enzimáticos reticulados (CLECS) de termolisina para a síntese de péptidos[37].

A matriz polimérica tem um papel significativo na SPPS. O êxito da SPPS reside no equilíbrio de várias propriedades do suporte polimérico utilizado. Para um inchaço eficaz da resina e a solvatação do péptido, o polímero deve ter um equilíbrio hidrofóbico-hidrofílico ótimo[38]. Os sistemas estrutura-reatividade e estrutura ajudaram a conceber novos suportes com estabilidade mecânica e a correlação estrutura-propriedade em sistemas poliméricos reticulados ajudou a conceber novos suportes com estabilidade mecânica e reatividade. A reatividade óptima destas resinas recentemente desenvolvidas deve-se ao maior grau de liberdade para o movimento das cadeias do reticulador em solventes que permitem uma interação eficaz entre os reagentes e os grupos funcionais ligados à resina.

Há uma série de factores a ter em conta antes de nos inclinarmos para um suporte fiável em SPPS. O PS-DVB é a resina mais primária utilizada na estratégia SPPS, que é um suporte polimérico adequado, insolúvel em todos os solventes utilizados. A facilidade de filtração foi atribuída à sua forma física estável[39]. Uma outra consideração muito importante para o êxito da síntese em fase sólida é o grau de dilatação e solvatação da resina ligada ao péptido no meio de reação[4]. A resina incha em solventes orgânicos como $CH_2\,Cl_2$, DMF, NMP, DMSO, tolueno, piridina, enquanto que encolhe em solventes como água, álcoois, éter dietílico. A acessibilidade insuficiente dos locais de reação é um dos principais inconvenientes deste suporte, para além da sua hidrofobicidade. Por este motivo, a resina é tratada com unidades funcionais mais frequentemente designadas por ligantes. Estes ligantes formam uma estrutura intermédia entre a resina e o substrato. A estratégia de proteção e de clivagem na SPPS depende do ligante utilizado e também do péptido. Desde a época da resina Merrifield, foi efectuado um extenso trabalho para sintetizar resinas muito compatíveis com os solventes, assegurando também uma síntese eficiente do péptido alvo no suporte. A adição do primeiro aminoácido ao suporte de resina é efectuada através de uma ligação covalente.

Tabela 2.1: Ligantes comummente utilizados na estratégia SPPS[40] .

Para ácido peptídico

Estrutura	Nome/Descrição	Reagente de clivagem
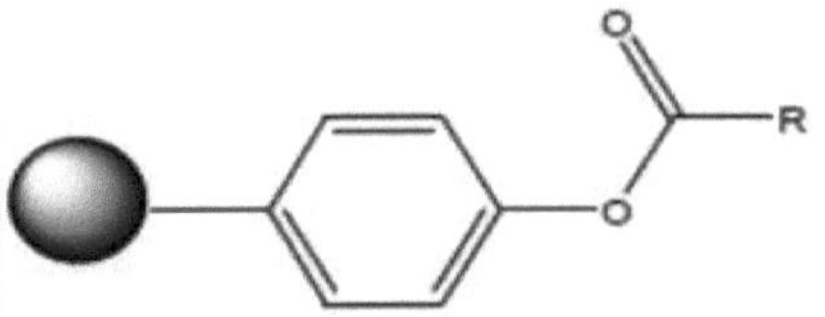	Ligador Merrifield	HBr, HF, TMSA
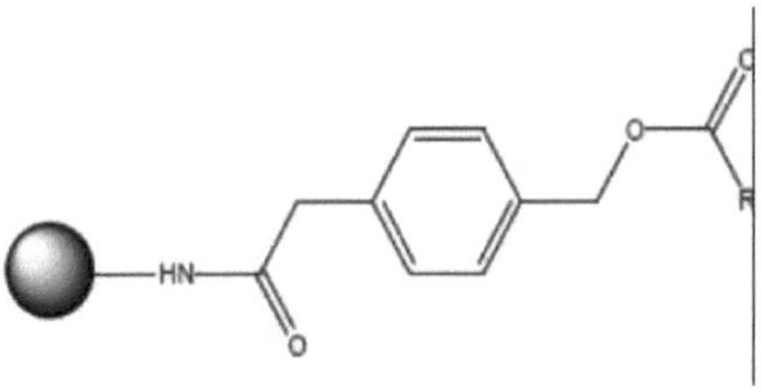	Ligante Pam (hidroximetilfenilacetamido-metilo)	HF/p-cresol (9:1 0°C, 1 h)
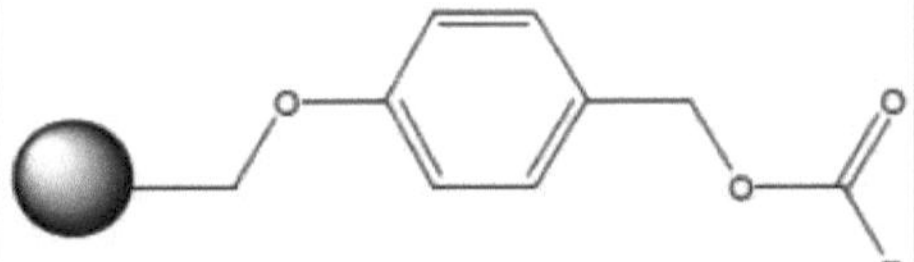	Ligante Wang (alcoxi benzilo)	TFA/DCM 1:1 20°C, 0,5 h

	SASRIN	0,5-1 % TFA em DCM
	t-alquiloxicarbo hidrazida de nilo	50 % TFA,30 min
	Metoxi-acetoxibenzil	Diluir TFA
	HAL	1% TFA

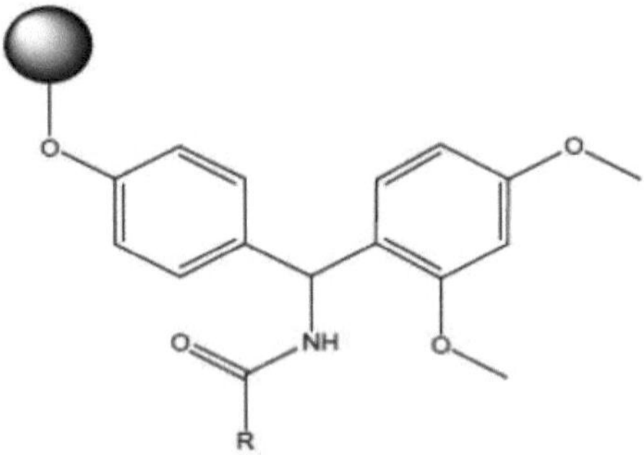	Trityl	Ácido acético

Para amidas peptídicas

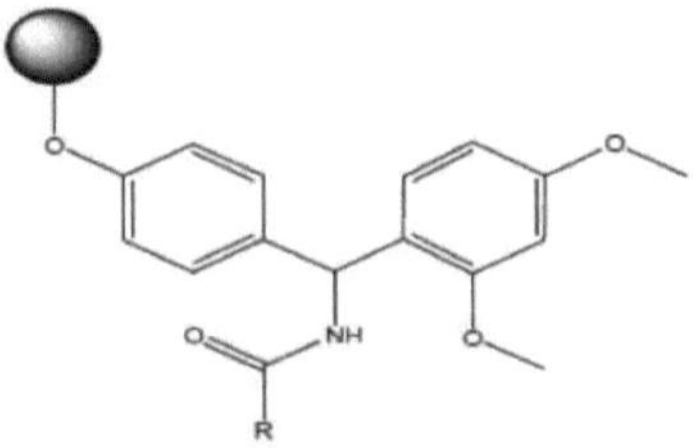	Rink (Alkoxy dimethyoxy benzhydryl)	0.2 % TFA
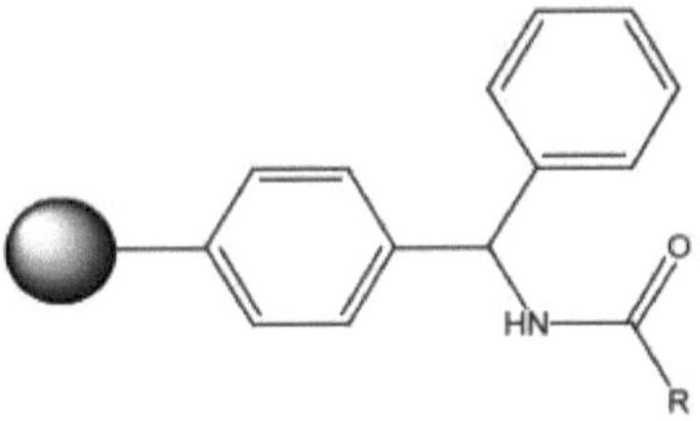	BHF	HF
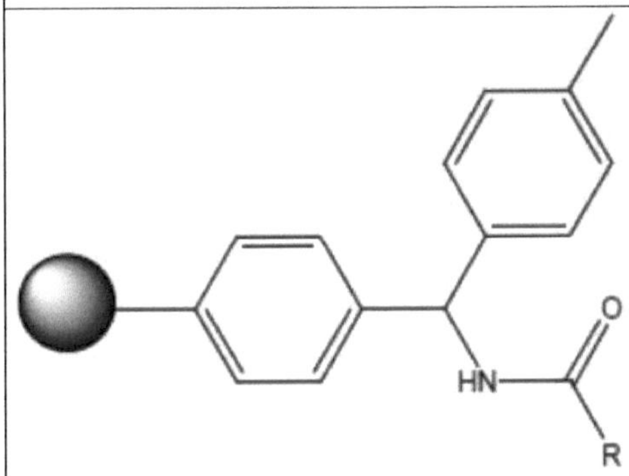	MBHA (Metilbenzidrilamina e)	HF

Tabela 2.2 Propriedades da resina ligada ao ligante

Suporte de resina ou sólido	Propriedades
Resina Merrifield (Poli estireno-divinilbenzeno)	Padrões de apoio ao faspeptídeo sólido . Clivagem: ácido forte, como o fluoreto de hidrogénio (HF) ou por hidrogenólise.
Resina PAM (hidroxi-metil-fenil-acetamido-metilo)	O ácido peptídico é libertado da resina pelo fluoreto de hidrogénio.
Resina Wang(Alkoxy benzyl)	Utilizado para a síntese em fase sólida de ácidos peptídicos Fmoc(9-fluorenilmetoxi carbonilo). A ligação do ácido carboxílico pode ser conseguida com (Diciclohexilcarbodiimida (DCC)/4(N,Ndimetilamino)Piridina (DMAP). A clivagem é efectuada com ácido trifluoroacético concentrado ou ácido trifluoroacético-diclorometano (TFA-DCM).

BHA (benzil-hidrilamina) Resina	Utilizado para a preparação de amidas peptídicas por Boc(terciário-butiloxicarbonilo)SPPS. Clivagem das amidas carboxílicas da resina por TMSA ou HF.
Resina Rink Amida (Alkoxy dimethyoxy benzhydryl)	Utilizado com a química F-moc. É possível a funcionalização direta da resina de amida Rink com nucleófilos. Clivagem com TFA a 50-90% para libertar produtos

MBHA (Metil benzidrilamina)Resina	Utilizada para preparar amidas carboxílicas ou amidas peptídicas por Boc SPPS. A condição de clivagem é a mesma que a da resina BHA.

2.3 Ligações resina-peptídeo

A ligação péptido-resina na síntese de péptidos em fase sólida é mais eficaz quando é utilizado um ligante adequado. Os ligantes são estruturas intermédias entre o suporte de resina e o substrato. Os "ligantes" podem auxiliar a clivagem do péptido do suporte de resina em condições de reação adequadas, mantendo as cadeias peptídicas livres de reacções laterais. Foi desenvolvida uma série de ligantes bi-funcionais para a preparação de grandes péptidos através de uma estratégia convergente. Uma extremidade do espaçador bi-funcional está ligada a um grupo protetor que pode ser facilmente clivado e a outra extremidade permite o acoplamento a um suporte funcionalizado. As ligações são estáveis sob os ciclos repetidos de etapas de acilação e desproteção.

2.4 Grupos protectores e reagentes de acoplamento

a) Grupo de proteção e defesa F-moc

A proteção do grupo alfa-amino através da utilização da química Fmoc tornou-se o método preferido para a maioria dos actuais métodos de síntese de péptidos em fase sólida e em fase de solução

[41] actuais. A proteção F-moc também se revelou mais fiável e produz peptídeos de alta qualidade em comparação com a química Boc[42].

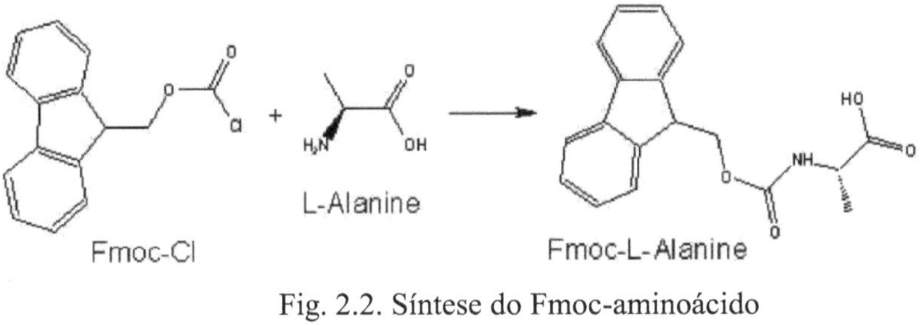

Fig. 2.2. Síntese do Fmoc-aminoácido

A vantagem da proteção Fmoc é que pode ser clivada mesmo em condições básicas muito suaves, utilizando bases como a piperidina, mas são estáveis em condições ácidas. Após o tratamento com uma base, o péptido em crescimento é lavado e, em seguida, a mistura de aminoácidos activados e reagentes de acoplamento é mantida em contacto com a cadeia peptídica em crescimento para acoplar o aminoácido seguinte. Após a fase de acoplamento, o excesso de reagentes de acoplamento pode ser lavado e, em seguida, a porção protetora na extremidade amino do péptido em crescimento pode ser removida, adicionando outros aminoácidos ou material péptido ao péptido em crescimento pelo mesmo método[43] .

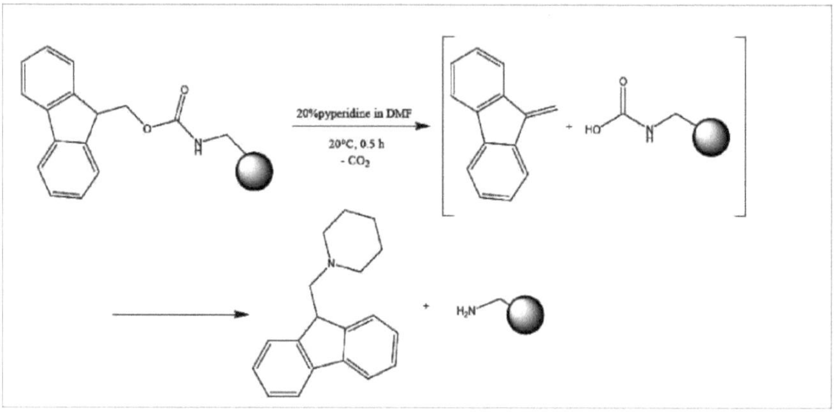

Fig.2.3. Mecanismo de desproteção de aminas Fmoc.

b) Grupo Boc Protecting

Os grupos Boc podem ser incorporados nos aminoácidos com bicarbonato de di-terc-butilo (anidrido Boc) e uma base adequada[44-45] .

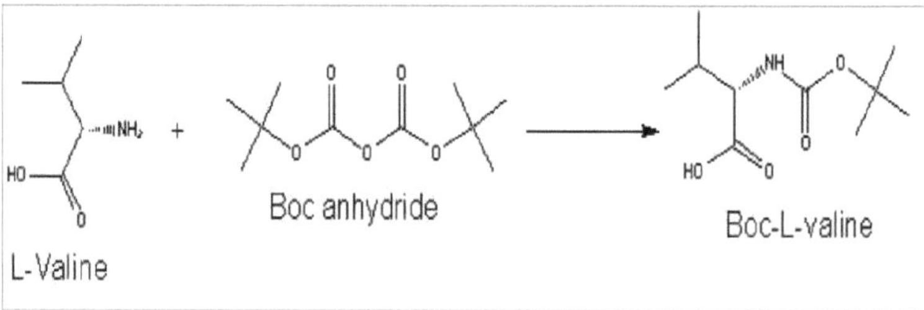

Fig.2.4. Síntese do Boc-aminoácido.

A remoção do grupo protetor t-Boc é feita tratando o resíduo peptídico protegido por Boc com um ácido forte. O procedimento existente para desproteção utiliza reagentes como o ácido trifluoracético (TFA) em diclorometano, ácido clorídrico ou ácido metanossulfónico em dioxano. A neutralização do ácido utilizado para remover o grupo protetor Boc é feita com uma amina terciária, como a N-metilmorfolina, a N,N-diisopropiletilamina (DIEA) ou a trietilamina (TEA)[46] .

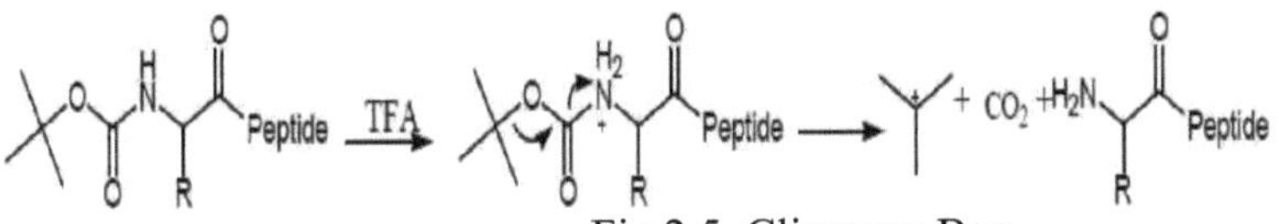

Fig.2.5. Clivagem Boc

c) Reagentes de acoplamento:

A N,N-diclorohexil carbodiimida (DCC) é o reagente de acoplamento mais utilizado[47] e o mesmo foi utilizado nesta revisão. O reagente utilizado para o acoplamento deve ser capaz de formar a ligação peptídica em condições moderadas e a reação deve ser rápida. O DCC quando usado com excesso de ácido carboxílico produz anidrido simétrico que é capaz de atacar os nucleófilos. Não devem favorecer a racemização da cadeia peptídica. Assim, o 1-hidroxi-benzotriazol (HOBt) é utilizado como aditivo de acoplamento que pode evitar a racemização, que é normalmente utilizado na conjugação com DCC[48]. Foi relatado que a presença de amina terciária, por exemplo DIEA, aumenta a taxa de reação e o rendimento do produto, sendo comparáveis a outros métodos de acoplamento rápido utilizando BOP ou TDBTU e não se observa racemização[49].

Tabela 2.3. Reagentes de acoplamento comuns utilizados na síntese de péptidos[50].

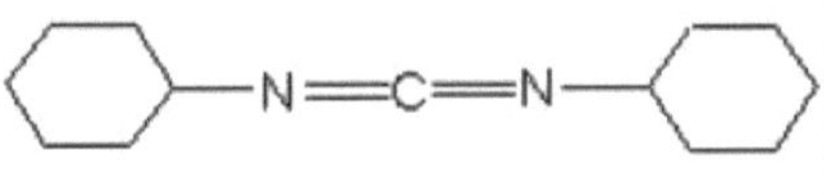	N,N - Diciclohexilcarbodiimida (DCC)
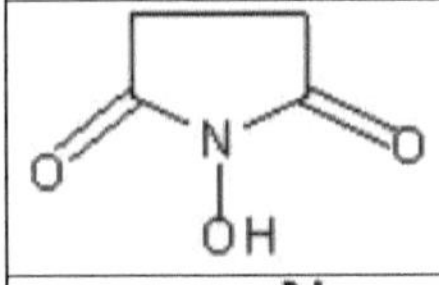	N-Hidroxissuccinimida (HOSu)
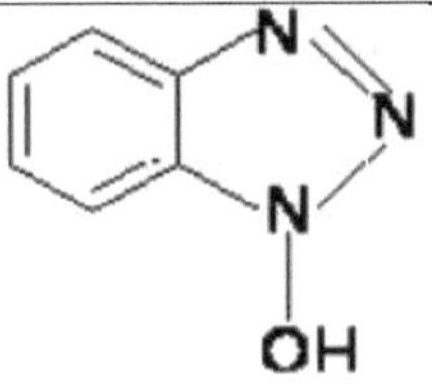	1-Hidroxibenzotriazol (HOBt)

	4-Aza-1-hidroxibenzotriazol(HOAt)
	N,N'-Diisopropildicarbodiimida (DIPCDI)
	Pentafluorofenol (HOPfp)

2.5. Estratégia geral para o acoplamento

Existem diferentes estratégias adoptadas para o acoplamento de aminoácidos no suporte de resina polimérica.

2.5.1. Padrão diisopropilcarbodiimida e hidroxilbenzotriazol Etapa de

acoplamentopl. Remover o grupo protetor amino através das estratégias gerais de desproteção.

Passo 2. Adicionar a resina ao diclorometano (10 ml de DCM para 1g de resina)

Etapa 3. Dissolver 5 equi. de hidroxilbenzotroiazol em DMF.

Passo 4. Adicionar à resina em DCM a solução de aminoácido e o hidroxil benzotroiazol em DMF.

Etapa 5. Agitar a mistura a 30^0 C em atmosfera inerte. A reação deve ser monitorizada utilizando o teste de cor da ninidrina. Se a análise da ninidrina for negativa, a resina deve ser filtrada e lavada 3 vezes com 15 ml de DMF, 3 vezes com 15 ml de DIC e depois 3 vezes com dicloro metano. Se o teste da ninidrina for positivo mesmo após quatro horas, o procedimento de acoplamento deve ser repetido.

2.5.2. Acoplamento com EDAC

1. Em primeiro lugar, o aminoácido N-protegido deve ser dissolvido em diclorometano.
2. A mistura de aminoácidos e DCM deve ser arrefecida num banho de gelo.
3. Adicionar 1,2 equivalentes de EDAC e agitar a mistura.
4. Depois de terminada a reação, lavar a mistura com água para remover o excesso de agente de acoplamento e o eventual subproduto.
5. As fases orgânicas devem ser secas sobre Na_2SO_4, a filtração seguida de evaporação dará o produto em bruto.

2.5.3. Acoplamento com reagente BOP

1. Desproteger o grupo N-protetor por métodos de desproteção normais.
2. Dissolver 2 equi. do aminoácido protegido em dimetil-formamida (5 ml/g de resina)

e adicionar à resina polimérica.

3. Com base na substituição da resina, colocar 2 equivalentes de solução 1 M de BOP e 4 equivalentes de DIPEA (diisopropil etilamina). A racemização pode ser evitada adicionando 2 equi.de soluções 0,5 M de hidroxil benzo triazol em DMF.

4. Agitar a mistura de reação durante 50 minutos até que o teste de Kaiser se torne negativo.

2.6. Caracterização dos péptidos

A avaliação da homogeneidade e da estrutura covalente dos péptidos é importante e as técnicas mais utilizadas são a HPLC analítica, a espetroscopia UV, a análise da sequência e a espetrometria de massa[56] .

A cromatografia líquida de alta eficiência, nos seus vários meios, desenvolveu-se como um método importante para a caraterização de péptidos e desempenha um papel importante nos rápidos avanços das ciências biológicas e biomédicas na última década. A orientação única de um péptido ou proteína numa determinada superfície da fase estacionária constitui a base da seletividade requintada que pode ser obtida com as técnicas de HPLC. A aceitação desta técnica resultou dos progressos registados na química das superfícies, na instrumentação e no software. A HPLC é atualmente utilizada para a purificação de biopolímeros para trabalhos de investigação, purificações em grande escala e para a análise ao nível inicial. Precisamente, o potencial, a exatidão, a velocidade e a recuperação proporcionados pela HPLC permitiram um desenvolvimento nunca visto da biotecnologia moderna e da I&D farmacêutica. Os principais modos de HPLC utilizados na separação de péptidos baseiam-se na diferença de tamanho do péptido, na carga líquida ou na hidrofobicidade. A HPLC revelou-se extremamente versátil para a purificação de um único péptido a partir de misturas complexas de péptidos.

A análise de aminoácidos quantifica a quantidade de péptido e determina se os aminoácidos necessários estão presentes na proporção correcta[57] . A precisão da composição diminui à medida que os péptidos aumentam de tamanho. No entanto, é menos fiável para certos aminoácidos, como a cisteína, a metionina e o triptofano. A análise de sequências, especialmente a sequenciação em fase gasosa e a análise dos péptidos ligados a polímeros, proporcionaram uma enorme oportunidade à SPPS.

A ionização por dessorção a laser assistida por matriz (MALDI) é uma técnica normalmente utilizada para caraterizar biomoléculas orgânicas e de grandes dimensões, como as proteínas. É utilizado um laser para emitir impulsos curtos e intensos de radiação na região do UV ou do infravermelho distante, e a preparação da amostra envolve a mistura de uma pequena quantidade de amostra com um grande excesso de moléculas de matriz em solução. Alguns microlitros dessa solução são secos num alvo metálico e o alvo é carregado na fonte de iões e irradiado com impulsos do laser. A matriz é escolhida de modo a absorver fortemente os comprimentos de onda emitidos pelo laser. A absorção da radiação pela matriz controla a energia que é subsequentemente depositada nas moléculas da amostra, o que provoca a ionização das moléculas. Os espectrómetros de massa Time-of-flight (ToF) são normalmente utilizados na espetrometria de massa MALDI[58] .

2.7. Introdução aos nanotubos de carbono

Os nanotubos de carbono (CNT) são um alótropo do carbono dotado de propriedades inovadoras que permitem inúmeras aplicações em domínios distintos[59]. Este material tem um diâmetro nanométrico e propriedades químicas e físicas excepcionais[60]. Os nanotubos de carbono têm origem nos fulerenos, outro alótropo do carbono, o C_{60}, designado fulereno de Buckminister em homenagem ao famoso arquiteto Richard Buckminister[61]. Estas substâncias macromoleculares são únicas pela sua dimensão, estrutura e propriedades físicas excepcionais. O CNTS, uma estrutura tubular que é uma extensão do fulereno em comprimento, consiste em fibras de carbono muito finas com diâmetro nanométrico e comprimento micrométrico. É constituída por folhas enroladas de hexágonos de carbono[62].

A diferença de orientação destas estruturas hexagonais resulta na estrutura de poltrona, quiral e ziguezague e o tipo de orientação é geralmente determinado por um método de medição denominado vetor quiral[63].

No passado, considerava-se que o carbono estava presente apenas em duas formas alotrópicas: o diamante (duro, hibridação sp^3) e a grafite (macio, material hibridizado sp^2), que diferem na sua estrutura e carácter, embora os arranjos atómicos sejam redes com ligações covalentes em ambos os casos. Mais tarde, foi introduzido outro alótropo do carbono, o C_6 ow. Este facto levou os investigadores neste domínio a propor um novo alótropo de carbono que designaram por "fulerenos". Os fulerenos contêm hexágonos e pentágonos dispostos numa forma esférica[66]. Após a introdução dos fulerenos, foram também revelados átomos de carbono que formam tubos cilíndricos com micro metros de comprimento e nanómetros de diâmetro. Inicialmente, estes tubos são designados por "buckytubes" e, mais tarde, por nanotubos de carbono (CNT). Assim, deduzimos que os CNT pertencem à família dos fulerenos e são um alótropo do carbono. Sumio Iijima (1991) inventou os CNT e apresentou-os como um material fascinante devido às suas propriedades estruturais únicas[24]. A utilização do HRTEM para analisar os CNT fez com que esta área se tornasse realmente popular.

Tal como na grafite, os nanotubos de carbono também têm ligações sp^2. Assim, os CNT surgiram e, como o nome indica, são como uma folha de grafeno enrolada numa estrutura tubular. As experiências que envolvem técnicas microscópicas de alta resolução revelaram que os CNT têm uma forma tubular. Os CNT possuem propriedades físicas e químicas semelhantes, o que torna mais fácil prever a possibilidade de serem utilizados em nanossensores. Estes nanossensores podem ser como substâncias semicondutoras em circuitos microelectrónicos, ou detetar alterações mínimas no campo elétrico, ou responder a uma reação química, à variação da pressão atmosférica ou da temperatura[67].

Um modelo promissor de decapeptídeo sintetizado na resina PEG funcionalizada utilizando a síntese de péptidos em fase sólida (SPPS). Contém grupos amino livres que podem ser tratados por uma variedade de métodos de acoplamento químico disponíveis[21]. As vantagens dos nanotubos de carbono em relação a outros materiais na aplicação de sensores biomédicos devem-se ao seu tamanho único, elevada

resistência mecânica, boas propriedades eléctricas e térmicas e elevada sensibilidade[68]
.

Foi feita uma tentativa de criar uma confluência entre o modelo de péptido e o nanotubo de carbono (CNT) com o objetivo a longo prazo de conceber um instrumento de diagnóstico ultrassensível a partir desta estrutura péptido-CNT. A síntese e a purificação dos nanotubos de carbono também foram efectuadas para melhorar a estratégia sintética relatada[27] . Foi adoptada uma estratégia sintética limpa e económica. A ligação dos peptídeos aos nanotubos de carbono foi feita com várias estratégias de acoplamento disponíveis e o processo foi optimizado para obter um conjugado estável. O potencial deste tipo de molécula de sensor está ainda por explorar, avaliando a viabilidade do conjugado peptídeo-CNT preparado como um bio-sensor e/ou como uma ferramenta para acompanhar as reacções celulares[69-70] .

2.7.1 Tipos de nanotubos de carbono (CNT)

Os CNT são geralmente classificados em duas grandes categorias, consoante o tamanho ou o diâmetro do nanotubo: nanotubos de carbono de parede simples (SWNT) e nanotubos de carbono de parede múltipla (MWNT)[71] .

O SWNT (tubo cilíndrico simples) tem um diâmetro de cerca de 1 nm e um comprimento muito maior. A microestrutura dos CNT é uma camada concêntrica de grafite em forma cilíndrica, como se pode ver. Existem métodos discretos através dos quais as folhas de grafeno podem ser enroladas e, dependendo da disposição da folha de grafeno, existem CNTs em ziguezague, em poltrona e quirais[72] . Os nanotubos de parede simples são a unidade básica dos nanotubos de parede múltipla e das nano-cordas. Os SWNT apresentam propriedades eléctricas que não são partilhadas pelas variantes dos MWNT. São excelentes condutores e são os candidatos mais prováveis para a miniaturização da eletrónica. Os nano tubos de paredes múltiplas (MWNT), tal como o nome indica, são constituídos por várias camadas de grafite laminada (tubos concêntricos). Existem poucos modelos que definem os MWNT. Por exemplo, de acordo com o prototipo russo, as folhas de grafema estão organizadas em cilindros concêntricos, enquanto o modelo de pergaminho considera que uma única folha de grafema é enrolada em torno de si mesma[73] .

2.7.2 Aplicação de CNT

As propriedades excepcionais dos CNT aumentaram o interesse pelas suas aplicações. As propriedades específicas dos CNT, como o tamanho nanométrico e a boa condutividade, fazem deles um material adequado para muitas aplicações, como materiais estruturais em circuitos electrónicos, componentes nano-electrónicos e ecrãs de emissão de campo, bem como em equipamento biomédico e como transportadores de medicamentos[74] .

As propriedades dos CNT podem ser exploradas através da sua funcionalização[75] . Como resultado da funcionalização, no caso dos SWNT, algumas ligações carbono-carbono podem clivar, alterando assim as características físicas e estruturais. Mas no nanotubo de parede dupla, as paredes laterais são apenas modificadas. A funcionalização dos CNT tem um efeito profundo no que diz respeito à sua solubilidade em sistemas biológicos e, por conseguinte, desempenha um papel vital para os CNT.

Nos últimos tempos, os investigadores descobriram também que os CNT têm uma aplicação potencial na administração de medicamentos. De acordo com estudos recentes, os CNT carregados com biomoléculas têm uma ação eficaz sobre as células[76]. Os CNT possuem muitas propriedades únicas que os tornam sondas AFM adequadas. As propriedades eléctricas dos nanotubos de carbono permitem a sua utilização em STM e EFM (microscopia de força eléctrica), e podem ser funcionalizados nas suas extremidades defeituosas com determinadas moléculas químicas ou biológicas para imagiologia funcional de alta resolução[77].

As propriedades de condutividade dos CNT também ganharam muito interesse na investigação, uma vez que se demonstrou que a condutividade é uma função da sua quiralidade e do seu raio. Os nanotubos de carbono podem ser condutores ou semi-condutores[78]. A condutividade nos MWNTs é bastante multifacetada. Além disso, as reacções na parede lateral dos nanotubos de carbono multifacetados irão redistribuir a condutividade das camadas de CNT. Muitas das potenciais aplicações dos CNTs são prejudicadas pelas dificuldades no seu processamento. Assim, a funcionalização química tem um papel fundamental na compreensão da sua aplicação[82]. Os rápidos progressos no desenvolvimento de métodos de ligação covalente de vários grupos orgânicos, pontos quânticos e moléculas biológicas alargaram as possibilidades de aplicação dos CNT.[79]

Os conjugados biológicos de nanotubos de carbono funcionalizados são muito relevantes em domínios como a eletrónica molecular, os produtos farmacêuticos, a administração de medicamentos, novos materiais e outras aplicações[80]. Devido ao seu grande volume interno, os CNT apresentam vantagens notáveis para aplicações biomédicas. Os materiais bioactivos (péptidos ou proteínas) com as características desejadas podem ser utilizados para preencher estes grandes volumes internos. A funcionalização da superfície dos CNT melhora de forma muito eficaz as propriedades de seleção e a biocompatibilidade dos CNT carregados com bioactivos[81]. O grande volume interno dos nanotubos de carbono permite o encapsulamento de fármacos com uma gama de pesos moleculares. Também permite o encapsulamento de fármacos hidrofílicos e lipofílicos. Na terapia com múltiplos fármacos, os CNT podem ser utilizados para administrar múltiplos fármacos no local-alvo. Diferentes ligandos e funcionalidades químicas podem também ser ligados à superfície dos CNT através da funcionalização para dirigir os fármacos para um determinado local de ação[82].

2.8. Métodos gerais de geração de nanotubos de carbono

Inicialmente, os CNT foram preparados utilizando um laser de pulsação dupla, mas este deu origem a um produto de menor pureza[83]. Quando sintetizados por vaporização de grafite, na presença de catalisador a 1300^0 C em atmosfera inerte e removendo o resíduo fulerínico por aquecimento a 1000^0 C sob vácuo. O primeiro impulso de vaporização foi seguido de um segundo que ajudou a vaporizar o alvo de forma homogénea. Ao utilizar estes dois impulsos laser, a quantidade de resíduos de carbono amorfo pode ser reduzida. O segundo impulso ajuda a quebrar as partículas grandes já formadas pela primeira ablação[84-85] .

A descarga por arco e a vaporização a laser são atualmente os principais métodos para obter pequenas quantidades de CNTs de alta qualidade[86] . No entanto, ambos os métodos apresentam desvantagens. A primeira é o facto de ambos os métodos envolverem a evaporação da fonte de carbono, pelo que não tem sido claro como aumentar a produção para o nível industrial utilizando estas abordagens. A segunda questão está relacionada com o facto de os métodos de vaporização produzirem CNT em formas altamente emaranhadas, misturadas com formas indesejadas de carbono e/ou espécies metálicas. Os CNT assim produzidos são difíceis de purificar, manipular e montar para aplicações realistas[87] .

A deposição de vapor químico (CVD) é outro método utilizado para sintetizar uma variedade de nanoformas de carbono. Podem ser sintetizadas quantidades mais elevadas de CNT por CVD catalítica de acetileno sobre catalisadores de cobalto e ferro suportados em sílica ou zeólito[88] . Além disso, os CNT também foram sintetizados a partir de técnicas que envolvem extensivamente catalisadores. A síntese de SWNT foi efectuada utilizando o método do catalisador flutuante vertical, que foi utilizado pela primeira vez para produzir SWNT em grandes quantidades[90] .

O método de evaporação por arco produz nanotubos de boa qualidade[91] . A condição de reação é uma corrente de cerca de 50 amperes entre dois eléctrodos de grafite numa atmosfera de hélio. Assim, a vaporização da grafite resulta na condensação destes vapores nas paredes do reator e no cátodo. O depósito no cátodo conterá os nanotubos de carbono.

Os CNT podem também ser preparados utilizando hidrocarbonetos gasosos como fonte de carbono na presença de um catalisador. Normalmente, são utilizadas partículas de tamanho nanométrico de ferro, cobalto e níquel. Estas moléculas catalisadoras ajudam a converter o hidrocarboneto gasoso em carbono, e começa então a desenvolver-se um material de estrutura tubular com a partícula catalisadora na ponta. Os nanotubos de carbono produzidos por este método eram de baixa qualidade quando comparados com os preparados pelo método de evaporação por arco. Nos últimos cinco a seis anos, têm sido efectuadas grandes modificações e revisões nesta técnica[92] . A vantagem da síntese catalítica em relação à evaporação por arco é o facto de poder ser aumentada para síntese em grande escala.

O presente trabalho trata da síntese de CNT com aço inoxidável como substrato, sem a utilização de qualquer catalisador externo, através do método de deposição de vapor químico térmico ou CVD térmico. O substrato é o aço inoxidável, um substrato condutor que possui um elevado teor de ferro. Para sintetizar os CNT neste material, foram utilizadas técnicas como a deposição de vapor químico melhorada por plasma (PECVD)[93] , a CVD térmica[94] , a oxidação parcial do metano[72] , a pirólise da ftalocianina de ferro (FePc)[95] , um método de chama[96] e um método de fase líquida[97] . A maioria destes métodos requer que o substrato de aço inoxidável seja tratado antes do crescimento dos CNT. É importante notar que, para além do tratamento do substrato, estas técnicas necessitam de um catalisador adicional para sintetizar os CNT na superfície do substrato de aço inoxidável[98] . É seguido um procedimento simples para sintetizar nanotubos de paredes múltiplas (MWNT) diretamente no substrato de aço inoxidável através do método de deposição térmica de vapor químico sem a adição de um precursor catalítico externo[99] . No presente caso, a própria SS fornece os locais activos para o crescimento dos CNT, aumentando desta forma a eficiência da interação entre a superfície dos CNT e o substrato. O processo é optimizado para conseguir o crescimento de CNTs como uma camada uniforme em várias geometrias de substrato.

2.9. Nanotubos de carbono - ligações peptídicas

O aumento da solubilidade dos CNT através de modificações funcionais nas extremidades abertas dos nanotubos foi o passo preliminar para trazer os nanotubos de carbono para o terreno da química molecular[100] . A solubilidade dos CNT em solventes orgânicos pode ser facilitada pela funcionalização química[101] . Também se verificou que a funcionalização química afecta o tamanho dos CNT e resulta na sua esfoliação em nanotubos individuais.

Os nanotubos de carbono puros não são solúveis em solventes como a água, os reagentes orgânicos e a maioria dos solventes comuns. Assim, há dificuldade em dispersá-los uniformemente numa matriz líquida. Isto dificulta a utilização das propriedades físicas únicas dos nanotubos em aplicações práticas que requerem a produção de misturas homogéneas de CNTs com uma variedade de materiais.

Para preparar dispersões de nanotubos em solventes, são necessárias modificações funcionais através da ligação de moléculas específicas por meios físicos ou químicos. A fixação de grupos funcionais nas paredes laterais pode também promover a formação de dispersão. Este processo é a modificação funcional dos CNT.

No presente trabalho, o CNT foi funcionalizado por tratamento com HNO conc.$_3$, um agente oxidante, produzindo um grupo carboxílico. Além disso, foi submetido a ultra-sonicação em solventes ácidos para garantir uma funcionalização eficaz e também a desintegração do CNT longo para o mais curto. Este passo pode levar à funcionalização da superfície e, consequentemente, os grupos funcionais introduzidos actuariam como ligantes. Além disso, a funcionalização da superfície pode ser conseguida por oxidação.

2.10. Rede de nanotubos de carbono

Uma rede tridimensional de nano tubos de carbono foi também sintetizada no presente trabalho com o objetivo a longo prazo de a funcionalizar com o modelo de péptido para fabricar uma matriz esponjosa bio-sensorial. Esta matriz também pode ser utilizada como um suporte sólido eficiente na síntese de péptidos.

Capítulo 3

Investigações experimentais

3.1. Síntese de suporte de resina de poli (etilenoglicol) funcionalizado

Os monómeros de macro-polietileno disponíveis no mercado foram copolimerizados com amida acrílica utilizando polimerização em suspensão inversa.

3.1.1 Polimerização de macromoléculas de poli (etilenoglicol)

O bis-amino-polietilenoglicol (PEG) foi preparado através de uma reação gradual iniciada com poli-etilenoglicol-bis-OH[1] . A síntese de macromonómeros foi realizada através do tratamento de cloreto de 2-propenoil com derivados de PEG funcionalizados com amino.

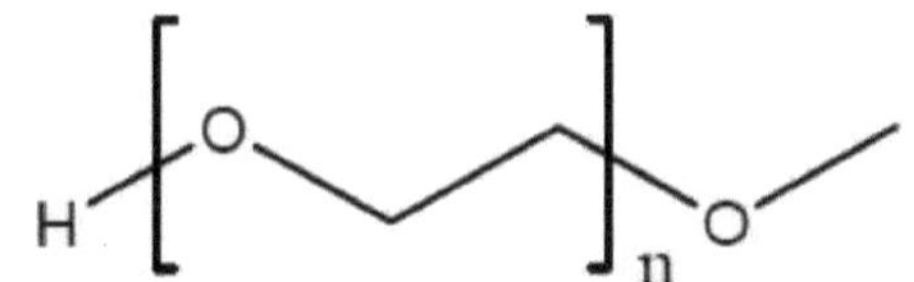

Fig.3.1. Macromolécula de poli (etilenoglicol)

3.1.1.1 Reagentes e solventes

Os seguintes produtos químicos listados foram utilizados para toda a preparação sem qualquer refinamento adicional devido à sua confiança pré-analítica dos fabricantes. Acr_2 PEG_{1900} , monolaurato de sorbitano, amida de acrilo, DMF (N,N-dimetil formamida), per sulfato de amónio, TEMED (N,N-Tetra metil etileno diamina), BEMP foram obtidos da Aldrich Chemicals, EUA. O peróxido de benzoílo (extra puro) foi adquirido à SISCO Labs, Mumbai. Todos os solventes utilizados foram adquiridos à E.Merck e à SRLC, Índia.

3.1.1.2 Polimerização em massa

Uma mistura consentida de macro monómero PEG (20 g) e cloreto de 2-propenoílo (1,3 g), peróxido de benzoílo (0,5 g) e tolueno foi agitada com a ajuda de uma vareta de vidro num copo de 100 ml. Os reagentes foram mantidos num banho de óleo e a temperatura foi mantida a 75^0 C durante 45 min. O polímero obtido foi triturado, peneirado e seco sob vácuo.

3.1.1.3. Polimerização em suspensão

Numa experiência selectiva típica, foi concebido um vaso de reação de quatro pescoços com uma junta termométrica suportada, condensadores de água adaptados, agitadores de Teflon, entradas para azoto e um funil de decantação completo[2] . Uma solução contendo PVA (solução de 1% de álcool polivinílico em água, 2 g de PVA em 200 ml de água bidestilada, temperatura mantida a 800° C). A mistura reacional consentida de macromonómero de polietilenoglicol (20 g, 10 mmol), cloreto de 2-propenoil (1,25 ml, 14 mmol) e solução de BPO (0,5-1,0 g) em tolueno (15 ml) foi adicionada à solução de álcool polivinílico por agitação a 1000 rpm. A mistura reacional foi borbulhada com uma corrente de gás nitrogénio. Para manter a temperatura da reação a 800C, utilizou-se um banho de óleo protegido por termóstato específico e a reação foi mantida durante 5 h com monitorização clara. Após a formação clara de esferas de polímero estáveis, a mistura de reação é filtrada e os vestígios de monómero ou estabilizador presentes na mesma são removidos por lavagem. As esferas de copolímero foram lavadas três vezes com água, $CH_3\,COCH_3$ (20ml x 3), $CHCl_3$ e MeOH. A resina de copolímero foi seca sob vácuo a 40° c durante 10 horas.

3.1.1.4. Polimerização inversa em suspensão

Esta técnica de polimerização específica foi desenvolvida especialmente para polímeros hidrofílicos[3] . Trata-se de um processo de polimerização em suspensão de fase inversa por etapas. Pode ser conduzido através de uma fase inerte como óleo não reativo, por exemplo, óleo de parafina; esta técnica consiste num sistema de água em óleo.

A presente invenção diz particularmente respeito aos problemas que surgem durante a polimerização em suspensão em fase inversa. Esta é normalmente efectuada através de um estabilizador de suspensão polimérico, por exemplo, um copolímero de grupos hidrofílicos e hidrofóbicos parcialmente solúvel ou dispersível no líquido não aquoso e substancialmente insolúvel e não dispersível em água. Para facilitar a formação ou a manutenção da suspensão, pode ser incluída uma pequena quantidade de um tensioativo solúvel em óleo. O processo é um processo em duas fases, em que a primeira fase envolve a síntese de PEG parcialmente acriloilado (NH $)_{22}$, seguida da preparação de pérolas de acrilamida de polietilenoglicol (Resina A) e a segunda fase é a síntese de resina PEG funcionalizada de elevada carga (Resina B) através de uma redução selectiva dos grupos -CONH2 na resina de acrilamida de polietilenoglicol (Resina A)[4] .

3.1.2. Polimerização e reticulação da resina PEG

i.   Síntese do bis-cloro -polietileno glicol .

A macromolécula de polietilenoglicol (5g, 8,3 mmol) foi fundida por aquecimento num banho de óleo a 100°C, seguido de adição gota a gota de cloreto de tionilo (3,65 ml, 50 mmol) em 30 minutos. A mistura reacional foi agitada a 100°C durante a noite e depois arrefecida à temperatura ambiente. O produto foi precipitado por adição lenta de éter dietílico (200 ml) com agitação rápida. A agitação foi continuada durante 15 minutos, arrefecendo a mistura reacional num banho de gelo. O precipitado foi filtrado, lavado com éter e dissolvido em DCM (50 ml). O cloro-PEG foi precipitado da solução de CH2Cl2 por adição de éter. O precipitado foi filtrado, lavado com éter e seco no vácuo para obter Bis -Cloro -polietileno glicol.

i. Síntese do bis -ftalimido -polietilenoglicol.

O bis-cloro-PEG (1, 22 g, 3,7 mmol) e a ftalimida de potássio (10,5 g, 56,7 mmol) foram suspensos em DMF seco (60 ml). A suspensão foi lentamente aquecida a 50°C, adicionou-se brometo de tetradecil trimetil amónio (75mg) e a mistura foi levada a 100°C numa atmosfera de árgon durante 4 h. O precipitado foi filtrado e adicionou-se lentamente éter dietílico ao filtrado límpido com agitação. A agitação foi continuada durante mais 30 minutos num banho de gelo após a precipitação estar completa. O precipitado foi filtrado, lavado com éter e dissolvido em CH2Cl2 (60 ml). As impurezas insolúveis foram filtradas e o filtrado foi concentrado. A PEGftalimida foi então precipitada com éter e seca no vácuo para obter bis - ftalimido -polietilenoglicol (20 g, 90%).

ii.   Síntese do bis -Amino-polietilenoglicol.

O bis-ftalimido-PEG (2, 41 g, 6,6 mmol) e o hidrato de hidrazina (20,5 ml, 414 mmol) em álcool absoluto (150 ml) foram aquecidos sob refluxo durante 12 h. Após arrefecimento à temperatura ambiente, as impurezas insolúveis foram filtradas e lavadas com $CH_2 Cl_2$ e o filtrado concentrado. O produto foi precipitado por adição de éter enquanto se agitava num banho de gelo. O precipitado foi filtrado e novamente dissolvido em $CH_2 Cl_2$ (60 ml) e as impurezas insolúveis foram removidas por filtração. O filtrado foi concentrado e adicionou-se lentamente éter para precipitar o produto. O produto foi filtrado, lavado e seco no vácuo, obtendo-se 36 g de Bis -Amino-polietilenoglicol.

iii.   Síntese de amino-PEG reticulado

Adição gota a gota de cloreto de 2-propenoil (1,3 ml, 14 mmol) em diclorometano (15 ml) a uma mistura reacional contendo amino-PEG (20 g, 10 mmol) e diclorometano (18 ml) a 273 K com agitação. A reação foi deixada em repouso durante 1 h a 25°C para ser completada. O DCM foi evaporado e a secagem em vácuo a 25°C deu o amino-PEG 70% reticulado como um óleo espesso e menos colorido.

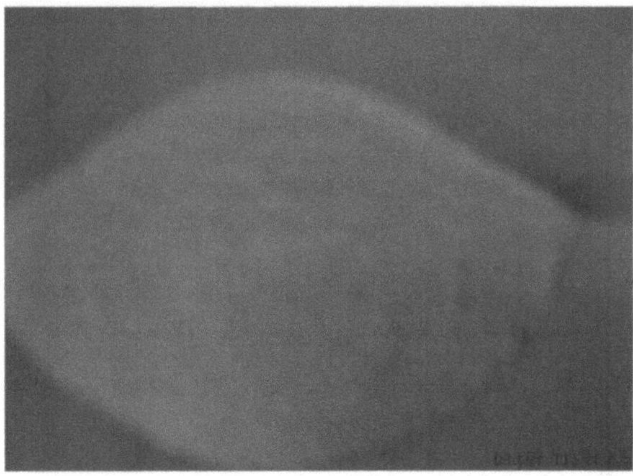

Fig.3.2. Resina polimérica sintetizada e a montagem experimental para a polimerização.

3.1.3. Modificação funcional da resina PEG reticulada

Stepl.

Neste caso, o método de polimerização em suspensão inversa foi realizado para desenvolver pérolas de polímero. Para sintetizar as pérolas com um diâmetro de cerca de 500 p. m, foi necessário adicionar 1,2% w/w de monolaurato de sorbitano ao macro monómero como estabilizador das pérolas. Antes da adição dos monómeros, foi utilizado n-heptano desgaseificado com árgon durante 1 hora como meio de suspensão. Neste método de síntese, 7,5 g de solução de acrilamida-PEG_{1900} em 20 ml de água foram desgaseificados com árgon durante 30 min. Acrilamida (0,36 g, 5 mmol) em água (0,5 ml) foi adicionada à solução desgaseificada e a purga de árgon foi continuada durante 5 minutos. O monolaurato de sorbitano (0,2 ml) em solução de dimetilformamida (1,5 ml) com o ($NH4$) S_{22} O8 (500 mg em 5 ml de água) foi misturado com o monómero. Adicionou-se a mistura de reação ao recipiente de polimerização contendo n-heptano, agitando a 600 rpm a 70 °C. Alterar Imin, o catalisador tetrametil etileno diamina (1,5 ml) foi adicionado à mistura de reação. A reação prosseguiu durante 3 horas e os grânulos de resina obtidos foram peneirados com uma malha e as fracções de 200-300 pm foram separadas. A resina obtida foi bem lavada várias vezes com EtOH e água, e depois seca para obter a Resina A.

Passo 2.

A resina de poli (etileno) glicol de elevada carga (Resina-B) foi preparada através da reação de redução exaustiva da resina de PEG-acrilamida (Resina A).

Tabela 3.1. Reactantes para a síntese de resina de polietilenoglicol de elevada carga

Reagente	PEG-Acrilamida	Ácido bórico	Borato de trimetilo	Borano-THF

Quantidade	500 mg, 0,85 mmol	1equiv,52.55 mg,0.85mmol	1 equiv, 100 ml,0,86mmol	2 equiv, 1,7 ml, 1,7 mmol
Condição de reação	68°C durante 70 h			

O solvente ácido ácido bórico e a resina PEG-acrilamida foram colocados no tubo de vidro, ao qual se adicionou borato de trimetilo (1 eq, 100 ml, 0,85 mmol) seguido de uma adição gota a gota da mistura IMborano-THF (2 eq, 1,7 ml, 1,7 mmol). Um tubo hermeticamente fechado foi mantido a 68°C durante 70 horas, depois de a evolução do hidrogénio ter parado. Em seguida, a forma de grânulo de polímero pegajoso foi removida e lavada três vezes com 10 ml de DMF e com metanol (15 ml). O grânulo de polímero foi adicionado a 15 ml de piperidina e deixado durante 20 horas a 70^0 C para separar os complexos de borano no sistema. Decantados os reagentes, as esferas de polímero foram lavadas várias vezes com dimetilformamida (DMF), dicloro metano (DCM) e metanol. Em seguida, foram secas sob vácuo para obter resina PEG com elevada capacidade de carga de 30% de redução da amida ativa.

OsPEG$_{1900}$, PEG$_{4000}$, PEG$_{6000}$ e PEG$_{8000}$ parcialmente acriloilados foram sintetizados utilizando quantidades variadas de cloreto de acriloilo como descrito e diretamente utilizados no processo de polimerização. Adicionou-se cloreto de acriloilo (2eq) a um sistema de reação que contém amino-PEG$_{1900}$, PEG$_{4000}$, PEG$_6$ ooo e PEG$_{80}$ oo (1eq) e trietilamina (TEA) (2eq) em DCM. Em seguida, agitados continuamente durante 2 horas a o° C, os resíduos gerados foram separados por filtração conforme descrito em[5] . O PEG de carga elevada desenvolvido (1eq) foi dissolvido em DCM ou glicina seca (2eq) e solubilizado em ácido acético glacial por uma quantidade específica de N-metilpirrolidina. A mistura reacional foi suspensa com benzofenona imina e a reação continuou durante a noite. O derivado de Benzofenona imina formado foi tratado com halogeneto de alquilo com BEMP seguido da adição de cloridrato de hidroxilamina (1N), e depois THF e 2o% DIEA em NMP foram adicionados ao meio de reação. Aqui, a ligação de glicina actua como um ligante e espaçador. Esta resina PEG ligada à glicina foi utilizada como um modelo de resina eficiente em SPPS como uma matriz sólida.

Etapa 3. Modificação por ligação do ligante

    i.   Preparação de Wang-(PEGA-amina)

O ligante Wang (ácido 4-hidroximetil-fenoxiacético, HMPA) assegura uma ligação estável entre a resina e o ligante, e uma ligação seletivamente clivável entre o ligante e o produto.

No caso específico do ligante de Wang, este está ancorado ao PEGA-NH2 através de uma ligação amida, enquanto o substrato está ancorado ao ligante através de uma ligação éster lábil ao ácido, de modo a que, no final do processo, o produto possa ser clivado com ácido trifluoroacético (TFA, 95% em água). Após a lavagem da resina, esta é tratada com HMPA e DIC e HOBt como reagentes de acoplamento, em DMF seco. No final da reação, as esferas são filtradas para eliminar o excesso de reagente, depois são lavadas e é feito o teste da ninidrina. A reação é repetida até se obter um teste de ninidrina negativo.

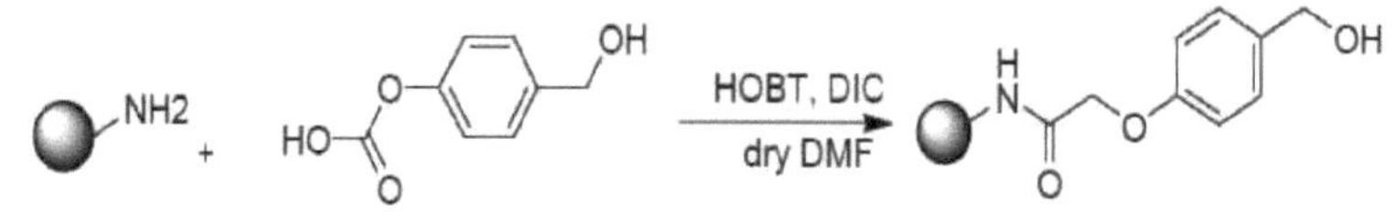

Fig 3.3. Preparação de Wang-(PEGA-amina)

ii.   Preparação de HMPB-(PEGA-amina)

A estrutura química do ligante HMPB (ácido 4-(4-hidroximetil-3-metoxifenoxi)butírico) é semelhante à estrutura do ligante HMPA, uma vez que foi concebido para formar uma ligação amida covalente e estável entre o grupo amino do polímero e o grupo carboxi do ligante. O substrato é então ligado ao ligante através de uma ligação éster que pode ser libertada em condições ácidas. Ao contrário do ligante HMPA, que requer 95% de TFA para a libertação do produto, no caso do HMPB a ligação éster é mais lábil e 1% de TFA em DCM durante apenas 30 minutos é suficiente para a libertação do péptido, tornando assim este ligante particularmente adequado para a síntese de péptidos sensíveis. A preparação do HMPB-PEGA-amina foi efectuada segundo o mesmo protocolo utilizado para a preparação do Wang-(PEGA-amina).

iii.   Preparação de Rink Amida-(PEGA-amina)

(O ácido 4-[(2,4-dimetoxifenil)(Fmoc-amino)metil]fenoxiacético) (ligante Rink) é mais sensível aos ácidos do que o Wang ou o HMPB, porque o ligante amina benzidrilo está unido ao suporte através de uma ligação éter benzílico e não através de um espaçador acetamido que retira electrões. As pérolas de amida de Rink têm uma vasta gama de compatibilidade química, particularmente com agentes redutores fortes. A quebra do ligante durante a clivagem pode ser minimizada através da utilização de baixas concentrações de TFA, ou pela adição de trialquil silanos à mistura de clivagem. A Rink Amida-PEGA-amina foi preparada dissolvendo o ligante (5 eq.), DIC (5 eq.) e HOBt em DMF seco. Após a lavagem da resina, esta mistura foi adicionada ao suporte e a mistura obtida foi mantida num rotador de sangue durante 6 horas.

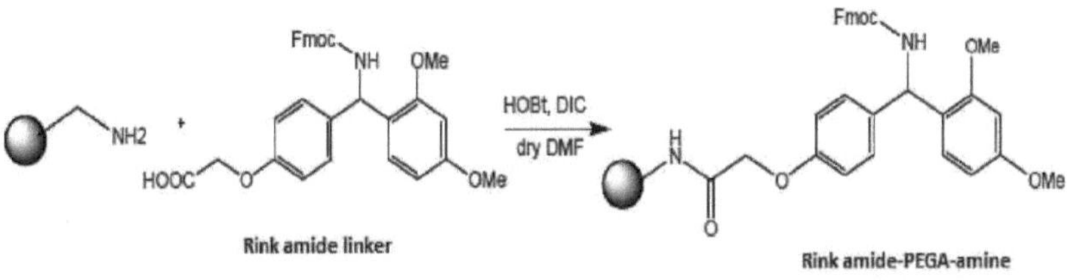

Fig.3.4 Preparação da amida de rink-(PEGA-amina)

3.1.4. Caracterização do suporte de resina PEG modificada

O suporte à base de polietilenoglicol sintetizado foi observado com SEM, EDXA, FT-IR, etc.

3.1.4.1 Microscópio eletrónico de varrimento (SEM)/análise EDAX

O SEM (microscópio eletrónico de varrimento), juntamente com o EDXA, é a técnica de caraterização mais utilizada[6]. As imagens com boa resolução da estrutura da superfície, com uma penetração brilhante do campo, são formadas por um feixe de electrões de varrimento altamente focado. Os estudos de varrimento foram efectuados com Hitachi, modelo S3000-H e TESCAN, modelo VEGA.

3.1.4.2 Análise FT-IR

A espetroscopia de infravermelhos com transformada de Fourier (FTIR) pode ser utilizada para a análise conformacional de péptidos numa vasta gama de ambientes[7]. As medições podem ser efectuadas em soluções aquosas e em solventes orgânicos.

3.1.5 Comparação da resina sintetizada com outros suportes de resina polimérica

A resina sintetizada foi comparada com outras resinas comercialmente disponíveis que são normalmente utilizadas para a síntese de péptidos em fase sólida. Foram efectuados estudos de inchamento, avaliações da estabilidade química e a competência da resina para ser utilizada como material de suporte na síntese de péptidos foi demonstrada através da preparação de péptidos modelo na resina.

3.1.6 Estudos de capacidade de sorção

O estudo da capacidade de sorção da resina em vários reagentes foi analisado utilizando o método da seringa[8]. O procedimento geral consiste em colocar cerca de 100 mg de polímero numa seringa de 5 ml com um encaixe de Teflon fixado na base. O solvente foi aspirado para o êmbolo e o reagente excedente foi eliminado empurrando o êmbolo para baixo após 2 horas. O grau de inchaço das esferas de polímero nos solventes foi medido considerando a alteração do volume após a absorção do solvente.

3.1.7. Estabilidade em diferentes solventes

A estabilidade dos grânulos em diferentes solventes da resina foi determinada por tratamento com diferentes reagentes como TFA (100%), 20% de piperidina em DMF, 1,8- diazobiciclo(5,4p)undec-7-eno(DBU)(100%), butil-lítio (solução 2,7M em heptanos, 100%) e solução saturada de hidróxido de sódio. Foram adicionados 100 mg da amostra de resina polimérica e agitados com os reagentes separadamente e mantidos durante dois dias. A resina foi filtrada, após lavagem e secagem adequadas; os espectros FT IR observados foram analisados comparativamente com o novo. Medições comparativas
do inchaço da resina após tratamento com solventes durante 36 horas.

3.1.8. Síntese comparativa de péptidos

Os péptidos foram sintetizados em resina PEG modificada através da estratégia sintética fmoc aplicada ao suporte de polímero hidrofílico (esquema 2). A eficiência do novo suporte é comparada com a dos suportes poliméricos disponíveis no mercado.

3.1.8.1. Síntese de Fmoc-aminoácidos

O aminoácido (5 mmol) e o $Na_2 CO_3$ (5 mmol) foram dissolvidos numa mistura de água (7 ml) e acetona (7 ml). O carbonato de fluorenilmetilsuccinimidilo (9,9 mmol) foi adicionado lentamente, durante 50 minutos, à solução de aminoácido e $Na_2 CO_3$, agitada durante 24 horas, adicionaram-se 50 ml de acetato de etilo e a mistura reacional foi acidificada com HCl 6M. A fase de acetato de etilo foi recolhida e lavada 4 vezes com 50 ml de água destilada, seca sobre sulfato de magnésio anidro e evaporada até cerca de 15 ml. Adicionou-se éter de petróleo, arrefeceu-se a 0^0 C e obteve-se o Fmoc-aminoácido cristalino[9] .

3.1.8.2. Síntese de péptidos modelo

A eficiência do polietilenoglicol modificado foi avaliada através da síntese de um péptido modelo no suporte polimérico por estratégia de péptidos em fase sólida (SPPS)[10] . A resina, ligada com o ligante e com o primeiro aminoácido, foi submetida aos seguintes protocolos:

i. Cobertura de grupos reactivos livres

Os grupos oxi do ligante Wang ou do ligante HMPB que não reagiram e os grupos amino do polímero que não reagiram foram ligados com anidrido acético (10 eq.) em DMF durante 4 h. O polímero foi então filtrado e lavado. Foi efectuado o teste da ninidrina e, se os grupos amino que não reagiram ainda estivessem presentes, repetiu-se a cobertura com anidrido acético.

ii. Clivagem do Fmoc

A clivagem foi efectuada utilizando uma solução de piperidina (20 % em DMF) durante 2h em rotador de sangue. No final, o polímero foi filtrado e lavado

iii. Fixação do segundo aminoácido

O polímero modificado foi colocado numa seringa de reação. Foram adicionados Fmoc-AA-OH (3 eq.), DIC (4 eq.) e HOBt (6 eq.) em DMF (>99%), utilizando uma proporção entre o polímero e o solvente (DMF) de 30 g de polímero húmido/100 ml de DMF. O polímero foi então filtrado e lavado. A acilação foi repetida e, em seguida, a carga foi determinada.

iv. Clivagem do produto
O polímero foi tratado com TFA (95% em água) durante 1 h. No final, a preparação foi filtrada e lavada com acetonitrilo/água (50%). O passo de clivagem foi repetido três vezes, depois as fases líquidas foram analisadas por HPLC.
Seguem-se os passos sintéticos adoptados no presente trabalho para comprovar a eficiência da resina sintetizada como suporte sólido para a síntese de péptidos;
a) Derivatização da resina PEG funcionalizada com o ligante ácido 4-hidroxi-metil-benzoico e acoplamento do primeiro aminoácido com o acoplamento MSNT.
À solução de HMBA (3 equiv.) em DMF, foram adicionados 3 equivalentes de TBTU e 6 equivalentes de NEM. Agitou-se durante 10 minutos e as soluções foram adicionadas ao PEG funcionalizado (1 equiv. NH_2) diluído durante 1 hora em formamida dimetílica numa seringa. Agitou-se continuamente a mistura de reação à temperatura ambiente durante 5 horas. Filtrar a resina, lavar com 6 volumes de dimetil formamida e DCM. Secou-se a resina num liofilizador durante 2 horas. Adicionou-se 2 equivalências de *A-metil* imidazol (Melm) à solução de fmoc-aminoácido (2,5 equiv.) em DCM sob árgon. Em seguida, a mistura foi adicionada ao MSNT (1-mesitil-sulfonil-3-nitro-1,2,4-trizole) (2,5 equiv.). Este aminoácido ativado foi colocado na resina HMBA inchada em DCM após 2 min.

Após 45 minutos, os grânulos de polímero foram filtrados. As reacções de acoplamento foram repetidas e as esferas de polímero resultantes foram lavadas com DCM (3 vol.), DMF (3 vol.) e secas num liofilizador. A carga de resina foi medida por espectros de absorção UV.

b) Montagem dependente do tempo do aminoácido c-terminal

A montagem dependente do tempo do aminoácido c-terminal do péptido específico (Fmoc-Valina, Fmoc-Alanina e Fmoc-Gliina) na resina funcionalmente modificada foi efectuada lado a lado com o PS de ligação cruzada de divinilbenzeno. O Fmoc-aminoácido terminado em carboxilo foi acoplado à resina utilizando MSNT. As resinas PEG e PS-DVB modificadas que possuem quase a mesma carga foram reagidas com 1,5 equiv. de reagente de acoplamento (MSNT), aminoácido necessário e 1 equiv. de N-metil imidazol. A resina PEGA necessitou de 45 minutos. Esta diferença deve-se à espinha dorsal flexível e solúvel em água da resina de polietilenoglicol, que permite uma interface sem restrições entre os citados activos no polímero e os aminoácidos e reagentes correspondentes em dimetilformamida, em comparação com a espinha dorsal de PS com ligações cruzadas de divinilbenzeno nas resinas PS-DVB.

c) Síntese de Ala-Ala-Ala

O péptido foi sintetizado em resina PEG funcionalizada utilizando a química Fmoc. A Fmoc-alanina foi incorporada na pérola de polímero utilizando o acoplamento MSNT[11] . A extensão da ligação do aminoácido foi monitorizada espetro-fotometricamente a 290 nm. Foi utilizado 0,03 mmol de Ala. As restantes duas sequências de aminoácidos foram ligadas pelo método do éster ativo HBTU/HOBt. Foi efectuado um único acoplamento de 30 minutos. A clivagem com TFA resulta num rendimento de 98% (8,8 mg) de péptido bruto. MALDI TOF MS: m/z 303,16(M+H)$^+$

, 99,8%. O perfil de HPLC apresentou um único pico.

d) Síntese do análogo da neuromedina (NH_2 -Tyr-Ile-Lys-Ile-Pro-Leu-COOH)

A resina de amina PEG (150 mg) foi transferida para um sintetizador de péptidos bem limpo, sililado e esterilizado, ao qual foi adicionada uma quantidade suficiente de N-metil-pirolidona e inchada durante 1 hora, tendo o filtrado sido removido sob vácuo. O grupo Fmoc da resina foi removido e o aminoácido Fmoc lavado foi dissolvido numa quantidade mínima de NMP num balão RB de 25 ml bem fechado, ao qual foi adicionado HOBt e dissolvido e DIC e agitado durante 3 minutos e imediatamente o conteúdo foi transferido para a resina numa atmosfera sem humidade e agitado durante 5 minutos, ao qual foi adicionado DIPEA e agitado durante 45 minutos. O progresso da reação foi monitorizado por TLC. Foram retiradas pequenas pitadas da resina, lavadas e testadas com ninidrina; em caso positivo, repetiu-se o acoplamento dos aminoácidos; em caso negativo, lavou-se e desprotegeu-se. O acoplamento dos restantes aminoácidos foi efectuado pelo método acima descrito[12] .

3.1.9. Métodos de purificação e deteção de péptidos
I. Cromatografia em coluna

Foram utilizados Sephadex G-10, G-25 e G-50 para a filtração em gel, dependendo do tamanho dos péptidos. Para a cromatografia em coluna, foi utilizado gel de sílica 60 (70-200 meshsize).

II.   Cromatografia líquida de alto desempenho

A HPLC é uma técnica cromatográfica que é utilizada para separar compostos numa mistura[13] . Durante um processo de separação por HPLC, a mistura específica em estudo é dispersa entre duas fases na coluna cromatográfica, a fase estacionária e a fase móvel. A fase estacionária é habitualmente constituída por um sólido poroso, de superfície ativa, ou por um suporte sólido revestido por uma fina película de líquido. É necessária uma pressão elevada para forçar a fase móvel através da coluna. Na HPLC de fase inversa, a fase estacionária utilizada é menos polar do que a fase móvel, o que faz com que os compostos menos polares sejam eluídos mais tarde do que os compostos polares. O tempo de eluição é definido no momento em que o sinal aparece no registador e a área e a altura do sinal estão diretamente relacionadas com a quantidade de uma determinada substância. O sinal na HPLC é normalmente registado por um detetor de UV, onde é registada a absorvância do composto eluído em UV ou luz visível. A resolução da HPLC é determinada pela seleção de uma coluna de HPLC que determina o tipo de forças de interação que ocorrem entre a fase móvel e a fase estacionária.

3.1.9.1. Ensaios analíticos

a) Ensaio com ninidrina[14]

I.   0,5 g de ninidrina em 10 ml de etanol
II.   10gm de fenol em 10ml de etanol
III.   1 ml de KCN aquoso 0,001N em 15 ml de piridina.

Uma pequena porção de grânulos de resina com uma gota de I, II e III foi colocada num pequeno tubo de fusão e aquecida a 100^0 C, formando-se uma cor azul. Esta cor revela a presença do grupo amino livre, sempre que aplicável.

b) Teste do verde de malaquite[15]

O polímero foi lavado três vezes em metanol. Adicionou-se à amostra oxalato de verde de malaquite (0,25% em MeOH) e uma gota de trietilamina pura. A solução é mantida à temperatura ambiente durante dois minutos. O polímero foi lavado com MeOH, uma vez que a cor verde do solvente desapareceu. A presença de grupos carboxilo é confirmada por uma coloração verde da resina que se mantém após um dia.

c) Teste Pomonis[16]

Foram preparadas três soluções:

Solução A: cloreto de tosilo (5%) em piperidina/tolueno (1:1)

Solução B: 4-(4-nitrobenzil)-piridina 2% em acetona

Solução C: Na_2CO_3(1M) em H2O

Uma pequena amostra do polímero foi lavada em MeOH e DCM. A cada grama desta amostra lavada. A cada grama desta amostra lavada foram adicionados 20 mg de vermelho de metilo, 50 pl de DIC e 5 mg de DMAP em 500 pl de DCM. A mistura foi agitada num rotador de sangue durante 2 h à temperatura ambiente. O polímero foi então lavado com H2O 10% em DMF, DCM e clorofórmio até o solvente de lavagem se tornar incolor. A coloração vermelha das esferas indica a presença de grupos amino ou hidroxilo.

d)   . Ensaio do vermelho de metilo[17]

Uma amostra de polímero foi lavada com metanol e DCM. À amostra lavada foram adicionados 15 mg de vermelho de metilo, 50 pl de DIC e 5 mg de DMAP por cada mg de resina em cerca de 500 pl de DCM.

A mistura foi agitada durante 3 horas num rotador de sangue. Na fase final da reação, a resina foi lavada com uma solução de formamida dimetílica em água (10:90), clorofórmio e DCM até o solvente de lavagem se tornar incolor. A presença de grupos amino ou oxi é confirmada pela cor vermelha das esferas.

3.1.9.2. Análise de aminoácidos

A análise de aminoácidos é efectuada para quantificar a quantidade de péptido e para determinar se os aminoácidos necessários estão presentes em proporções razoáveis. É um método menos fiável para certos aminoácidos, como a cisteína, a metionina e o triptofano.

3.1.9.3. MALDI-TOF MS

A espetrometria de massa é uma técnica analítica que mede a relação massa/carga (m/z) de partículas carregadas e é normalmente utilizada para determinar a composição de uma substância[18] . Por conseguinte, é necessário que a substância em análise seja ionizada. A ionização por dessorção a laser assistida por matriz (MALDI) é uma técnica habitualmente utilizada para caraterizar biomoléculas orgânicas e de grandes dimensões, como as proteínas. É utilizado um laser para emitir impulsos curtos e intensos de radiação na região do UV ou do infravermelho distante, e a preparação da amostra envolve a mistura de uma pequena quantidade de amostra com um grande excesso de moléculas da matriz em solução. Alguns microlitros dessa solução são secos num alvo metálico e o alvo é carregado na fonte de iões e irradiado com impulsos do laser. A matriz é escolhida de modo a absorver fortemente os comprimentos de onda emitidos pelo laser. A absorção da radiação pela matriz controla a energia que é subsequentemente depositada nas moléculas da amostra, o que provoca a ionização das moléculas. Os espectrómetros de massa Time-of-flight (ToF) são normalmente utilizados na espetrometria de massa MALDI. Os espectrómetros de massa ToF separam iões de massas variáveis utilizando as suas velocidades após aceleração através de um potencial (V), dado que $zeV = mv2/2$, a velocidade (v) de um ião de massa (m) é $v = (2zeV/m)1/2$, em que z é a carga do ião e e é a carga de um eletrão.

3.2. Síntese do modelo de decapeptídeo no suporte de resina PEG funcionalizada
a) Reagentes e solventes

Fmoc-Gly-OH, Fmoc-Pro (pbf)-OH, Fmoc-Ala-OH, Fmoc-Lys-OH e os aminoácidos foram adquiridos à Sigma-Aldrich, Suíça, e à Alfa-asear England, que os adquiriu com a pureza mais elevada disponível, tendo sido testada a pureza do aminoácido.

Os reagentes 4-Dimetilaminopiridina (DMAP), Hidroxizibenzotiazol (HOBt), Diisopropiletilamina (DIPEA), Diisopropilcarbodiimida (DIC), Ácido Trifluroacético (TFA), Triisopropilsilano (TIS), Piridina e Pipiridina foram adquiridos à Sigma-Aldrich, Alemanha e China, Alfa-asear England e Merk millipore (Índia). Os solventes metanol, ácido acético, N-metil-2-pirrolidona (NMP), diclorometano (DCM), dimetilformamida (DMF) e petróleo foram adquiridos à Merkmillipore (Índia) e à Lobachemi Mumbai.

3.2.1 Acoplamento de Fmoc-aminoácido ao suporte PEG utilizando mesiteno sulfonil nitro triazol (MSNT)

Dissolveram-se 3 equiv. de ácido hidroximetilbenzóico em dimetilformamida e adicionaram-se TBTU (2,85 equiv.) e 6 equiv. de N-etilmorfolina (NEM). Agitou-se durante 3 minutos e, em seguida, a solução foi colocada numa quantidade lequiv. de resina amino-PEG modificada funcionalmente que foi pré-tratada com DMF (1 h) num sintetizador de péptidos especialmente concebido para o efeito. Foi mantida a 30^0 C durante 5 horas com agitação suave. A resina foi filtrada, lavada com DMF (6 vol.) e DCM [60]

(6 vol.) e secou-se num liofilizador durante 1 dia. Adicionou-se *A-metil* imidazol (MeIm) (2,35 equiv.) a uma solução de Aa-Fmoc-aminoácido (2,5 equiv.) em DCM seco sob árgon. Em seguida, colocou-se num balão 2,5 equiv. de MSNT. O resíduo de aminoácido ativado foi adicionado à resina de ácido hidroxi-metil-benzoico inchada em DCM após 1 minuto. Em seguida, a resina foi filtrada após meia hora e repetiu-se o acoplamento. A resina foi lavada com DCM (3 vol.), formamida dimetílica (3 vol) e seca num liofilizador.

3.2.2 Desproteção dependente do tempo do aminoácido fmoc

A resina montada com aminoácidos fmoc (200 mg) foi tratada com 10 ml de piperidina a 20% em DMF. 10 mg da resina polimérica foram retirados da mistura de reação em intervalos de 5 minutos até 30 minutos e a resina foi lavada três vezes com

15 ml de DMF, três vezes com 15 ml de metanol, três vezes com 10 ml de éter e seca. A massa exacta da resina foi anotada e deixada reagir com 2,4,6 trinitrofenol 0,2 M e o nível de desproteção foi analisado a partir da medição da densidade ótica do TNP adsorvido na superfície do polímero a 358 nm. Foi efectuada uma verificação adicional preparando uma suspensão de 5 mg das esferas de polímero parcialmente desprotegidas com fmoc em 5 ml de piperidina a 20% em formamida dimetílica durante cerca de meia hora e a percentagem de desproteção foi avaliada calculando o valor da densidade ótica.

3.2.3 Montagem dependente do tempo de aminoácidos no suporte de polímero.

A percentagem de incorporação dependente do tempo do aminoácido c-terminal do respetivo péptido na resina PEG modificada foi comparada com a resina PS-DVB hidroxilada. O método de acoplamento MSNT foi utilizado para a ligação covalente do aminoácido Fmoc-terminal às resinas. As resinas PEG e PS-DVB com aproximadamente a mesma capacidade foram tratadas com 2 equiv. de MSNT, Fmoc-aminoácido e 1,5 equiv. de N-metil imidazol. A resina PEG necessitou de 45 minutos. Esta discrepância parece dever-se ao facto de a espinha dorsal flexível e hidrofílica da resina PEG permitir uma interação livre entre os centros reactivos no suporte e os respectivos aminoácidos e reagentes em DMF, em comparação com a espinha dorsal de poliestireno reticulado com divinilbenzeno na resina PS-DVB.

3.2.4 Clivagem do péptido do suporte de resina PEG

As esferas de PEG foram lavadas com dicloro metano, $CHCl_3$ e metanol e secas. A clivagem foi feita com 95%TFA: 2,5%TIS: 2,5%água durante 3 horas sob atmosfera de azoto e a resina foi lavada 2 vezes com TFA, o filtrado foi recolhido e o excesso de TFA foi evaporado utilizando o evaporador de vácuo Rota.

3.2.5. Isolamento

Após a evaporação do TFA, manter o conteúdo num ambiente isento de humidade e adicionar um excesso de éter dietílico puro a frio isento de peróxidos, gerou-se um precipitado de cor branca, que foi centrifugado e lavado 5 vezes com petróleo e centrifugado. O pó branco claro do péptido em bruto foi recolhido num pequeno tubo e selado.

3.2.6. Determinação da retenção do solvente

Os polímeros alteram a sua polaridade após modificação química (por exemplo, após a síntese de péptidos), pelo que retêm diferentes quantidades de solvente. A determinação da quantidade de solvente retido é importante para calcular corretamente os mili moles por grama seca de resina (mmol/gdry). No final de cada etapa de síntese, a amostra de polímero foi seca numa estufa a 100°C e a retenção de solvente foi calculada pela diferença entre a forma húmida e a forma seca.

3.2.7. Purificação e análise do péptido

A pureza do péptido em bruto foi testada por HPLC. O sistema de HPLC especialmente concebido para peptídeos e amostras biológicas (Marca: M/s Shimadzu Corporation, Japão) coluna RP-C18 diâmetro 150mm x 2,6mm, comprimento 25cm, tamanho de partícula 5pm, tempo de execução 30mins, volume de injeção: *20pL,* gradiente linear 5% acetonitrilo : 95% água a 0 mins, 100% acetonitrilo : 0% água a 30mins, caudal 1ml por minuto. O péptido esperado foi extraído e liofilizado e o péptido foi testado com espetroscopia MALDI TOF-MS.

3.3 Produção de nanotubos de carbono
3.3.1 Introdução

Os CNT têm merecido a atenção da comunidade científica devido à sua estabilidade, resistência e características eléctricas únicas. As aplicações de sensores baseados em CNT envolvem a modificação funcional da superfície com moléculas químicas com sítios de reconhecimento específicos[19] . Os principais problemas neste domínio são o método viável para sintetizar tubos de CNT menos contaminados e mais uniformes e encontrar uma estratégia de acoplamento adequada para imobilizar as moléculas biológicas na superfície dos CNT. A modificação funcional através da funcionalização covalente dos grupos terminais e das paredes laterais defeituosas dos nanotubos de carbono torna-os aptos a receber outras modificações[5] . Os nanotubos de carbono de paredes múltiplas (MWNT) são sintetizados com aço inoxidável como substrato sem a utilização de qualquer catalisador externo através do método de deposição térmica de vapor químico (thermal-CVD)[20] . O substrato é o aço inoxidável, um substrato condutor com um elevado teor de ferro. Para sintetizar os CNT neste material, foram utilizadas técnicas como a deposição de vapor químico melhorada por plasma (PECVD)[21] , a CVD térmica[22] , a oxidação parcial do metano[23] , a pirólise da ftalocianina de ferro (FePc)[24] , um método de chama[25] e um método de fase líquida[26] . A maioria destes métodos exige que o substrato de SS seja tratado antes do crescimento dos CNT. Para além do tratamento do substrato, estas técnicas requerem a adição de um catalisador adicional para que os CNT cresçam na superfície do aço inoxidável. Neste caso, segue-se um procedimento simples para sintetizar nanotubos de paredes múltiplas (MWNTs) diretamente na superfície de aço inoxidável através do método de deposição térmica de vapor químico, sem qualquer utilização adicional de uma substância catalítica. A própria SS fornece os sítios activos para o crescimento dos CNT, aumentando desta forma a eficiência da interação CNT-substrato na superfície. O processo é realizado de forma económica, utilizando um forno CVD especialmente concebido para o efeito.

3.3.2 Síntese de nano tubos de carbono com paredes múltiplas utilizando o método de deposição de vapor químico (CVD)

A deposição de vapor químico de hidrocarbonetos gasosos como fonte de carbono, juntamente com um catalisador, é um procedimento convencional que tem sido utilizado para preparar materiais como fibras e filamentos de carbono há mais de duas décadas. É possível preparar uma maior quantidade de CNTs através da vaporização de acetileno sobre catalisadores de ferro e cobalto suportados em sílica. Este processo inclui permitir que os vapores de hidrocarbonetos passem através de um reator tubular durante 15 minutos, no qual está presente um catalisador a uma temperatura adequadamente elevada (700-820° C) para degradar a fonte de carbono. Os CNT condensados no substrato no forno foram retirados por arrefecimento a 30^0 C. A maioria dos métodos utilizados para a síntese de CNT requer que o substrato seja tratado antes do crescimento dos CNT. Estes métodos necessitam normalmente de um catalisador adicional para além do tratamento do substrato.

No presente caso, o próprio substrato de aço inoxidável (SS) fornece os locais activos para o crescimento dos CNT, aumentando desta forma a eficiência da interação entre a superfície dos CNT e o substrato[27]. O processo é optimizado para conseguir o crescimento de CNTs como uma camada uniforme em várias geometrias de substrato. Os nanotubos de parede simples e a matriz tridimensional de nanotubos de carbono também podem ser produzidos utilizando a mesma tecnologia, fazendo ligeiras modificações no procedimento e na seleção de matérias-primas.

O aço inoxidável (SS) é um bom substrato para a síntese de nanotubos de carbono devido ao seu elevado teor de ferro e à possibilidade de modificar os locais activos para a produção de nanotubos de carbono. A placa de aço inoxidável foi polida finamente para obter uma superfície lisa e brilhante, o que aumenta a capacidade do suporte para facilitar o crescimento confortável de nanotubos de carbono, ao mesmo tempo que impede o crescimento de formas de carbono indesejadas. A cozedura com HCl oxida Fe^{+2} a Fe^{+3}.

a) Materiais e métodos

Placa de aço inoxidável SS 304, acetona, HCl a 30%, ultra-sonicador, controlador de fluxo de massa térmica e um forno CVD. A fonte de carbono e os gases de transporte são o acetileno (C_2H_2) e o azoto (N_2). O tubo de entrada de gás é suficientemente longo para transportar os gases para o centro do forno. Como catalisador e substrato são utilizadas tiras de aço inoxidável 304 multiusos de qualidade comercial (0,77 mm de espessura), polidas e submetidas a ultra-sons.

b) Experimental

A limpeza do substrato foi efectuada por ultra-sonicação em acetona durante 25 min. e depois por prensagem em ácido clorídrico 1M durante 15 min. e foi mantida no tubo de alumina recristalizada (diâmetro exterior de 50 cm, diâmetro interior de 40 cm e comprimento de 750 cm) acomodado num forno resistivo. A temperatura do forno é fixada em 850^0 C durante 30 minutos em atmosfera de azoto (o caudal de N_2 é fixado em 592 SCCM utilizando o controlador de caudal) e depois por um fluxo de etino a um caudal de 45 SCCM a 7000C durante 5 minutos. Foi dado um tempo de crescimento de 30 min. a 700^0 C em N2 (592 SCCM). A temperatura foi mantida a 700°C enquanto se passava acetileno durante cinco minutos. O gás nitrogénio foi então passado a 850°C durante mais 30 minutos. A placa SS-nanotubos de carbono foi deixada a arrefecer no forno durante a noite. O nano tubo de carbono formado na superfície do substrato foi analisado por microscópio eletrónico de varrimento e microscópio eletrónico de transmissão. Trata-se de uma estratégia limpa e económica para a síntese de nanotubos de carbono de paredes múltiplas (MWCNT).

3.3.3. Purificação e caraterização de CNT

Os nanotubos de carbono foram purificados por aquecimento na presença de oxigénio atmosférico a 650°C para garantir a remoção completa dos materiais carbonosos. Durante este processo, o carbono amorfo ou quaisquer outras impurezas vaporizam, dando origem a nanotubos de carbono puros.

3.3.3.1 Microscopia eletrónica de varrimento (SEM)

As observações microestruturais foram efectuadas por Hitachi modelo S3000-H e TESCAN modelo VEGA3. Os nanotubos de carbono obtidos foram submetidos a ultra-sons para os tornar curtos e analisados com diferentes ampliações. A análise FE-SEM foi efectuada por um modelo SUPRA 40VP da marca Carl Zeiss com acessório EDX da marca OXFORD. A mesma secção submetida à análise SEM foi utilizada para a análise FE-SEM.

3.3.3.2 Análise por microscopia eletrónica de transmissão (TEM)

S caraterização estrutural dos nanotubos de carbono foi efectuada por análise ao microscópio eletrónico de transmissão (TEM) utilizando o instrumento Tecnai G220 S-TWIN com uma tensão de aceleração de 200 kV. A amostra foi dispersa em acetona por sonicação e foi colocada na grelha e seca sob vácuo.

3.3.3.4. Análise de raios X por dispersão de energia (EDXA)

A abundância relativa de vários elementos na amostra depositada foi analisada por análise de raios X por dispersão de energia (EDX) utilizando a marca OXFORD. A mudança na orientação cristalográfica e o plano preferencial para os CNT foram identificados pelo padrão de difração de raios X (XRD).

3.3.3.5. Análise FT-IR e FT-Raman

Os estudos espectrais das amostras foram registados com um espetrofotómetro Tensor FT-IR da Bruker Optics. Todas as amostras foram registadas de 400 a 4000 cm^{-1}. Os vários grupos funcionais foram identificados a partir da frequência de absorção caraterística dos grupos específicos presentes na amostra MWCNT funcionalizada.

O espetro Raman da amostra foi analisado utilizando o Microscópio Raman RenishawInvia, tendo como fonte o laser de hélio-neão e o número de onda na gama de 100-3300 cm^{-1}.

3.3.4. Funcionalização de nanotubos de carbono

Após purificar os nanotubos já disponíveis, colocá-los num balão de fundo redondo. Refluxo durante a noite a 90°C em 60ml de HNO 3 M$_3$, onde ocorre uma ligeira oxidação que verifica/controla a funcionalização da parede lateral do CNT[28]. Deixou-se oxidar durante 12 horas. A mistura resultante foi deixada arrefecer até à temperatura ambiente e depois lavada com água e filtrada. Posteriormente, para encurtar o comprimento dos nanotubos, procedeu-se à sonicação a 45°c e 60 khz durante 60 min. numa mistura de 30 ml de 98% conc.H_2 SO_4 e 10 ml de 70% HNO_3, filtrada com uma membrana de policarbonato (ou utilizando G5 ou G3) e o produto final foi lavado com água desionizada para remover o resíduo ácido. O tratamento com ácido nítrico dos CNT resultou na oxidação das paredes laterais do tubo em ácidos carboxílicos, como é evidente no FT-IR. A funcionalização amino foi efectuada seguida da ligação do ligante. O CNT funcionalizado foi caracterizado por FT-IR.

3.3.5. Preparação de nanotubos de carbono ligados a péptidos

Grupo carboxílico gerado na extremidade e nas paredes dos CNT por tratamento (50 mg com 60 ML) de HNO 3M$_3$ durante 12 horas a 90^0 C. A solução contendo CNT-COOH foi então filtrada utilizando uma membrana de policarbonato (0,2 pm) lavada cinco vezes com água desionizada. Os CNT funcionalizados com carboxi são então incubados durante 45 minutos com EDAC (155 mg para 35 mg de CNT, sonicados durante 2 horas) para ativar os grupos carboxílicos presentes nos CNT oxidados no sentido do ataque nucleofílico aos grupos amino livres no modelo peptídico. Esta reação através do intermediário o-acilisoureia resulta na conjugação do modelo peptídico com os CNT através de uma ligação amida estável em condições moderadas[29-31] .

3.4. Síntese de redes tridimensionais de nanotubos de carbono

a) Instrumentação e produtos químicos

O forno para sintetizar a matriz de CNT foi concebido e fabricado localmente de forma económica. Os controladores de fluxo de massa térmica (FM1-V01-FAA-22-V-S) foram adquiridos à BronkhorstHitec B.V., Países Baixos. Ferroceno (pó), 1,2 - dicloro benzeno, placa de quartzo (2 polegadas) foram adquiridos à Alfa-easer England. Os pós de ferroceno foram dissolvidos em 1,2-dicloro benzeno (0,06 g/ml).

b) Experimental

A solução de ferroceno com dicloro benzeno foi injectada incessantemente (utilizando uma bomba de seringa a uma taxa controlada de 0,13 ml/min) numa placa de quartzo ultra-sónica posicionada num tubo de silicone alojado no forno CVD[14] . A temperatura da reação foi mantida a 860^0 C. O gás árgon e o gás hidrogénio foram conduzidos a um caudal controlado de 2 L/min e 0,3 L/min, respetivamente. Ao fim de 5 horas, é recolhida da placa de quartzo uma rede de nanotubos de carbono como uma matriz sólida espessa.

3.4.1 Estudos de absorção da rede de CNT

Procedimento:

Ensaio 1: Mergulhar a rede de nanotubos de carbono numa mistura de água e etanol (igual volume) durante dez minutos e depois queimar.

A rede de nanotubos de carbono ardeu no ar durante alguns minutos, confirmando a absorção de etanol.

Ensaio 2: A rede de nanotubos de carbono foi mergulhada em etanol durante dez minutos e depois queimada. A rede de nanotubos de carbono ardeu no ar durante alguns minutos, confirmando a absorção do etanol.

Ensaio 3: Mergulhou-se a rede de nanotubos de carbono numa mistura de etanol (muito pouco volume) e água (cerca de 90% do volume) durante dez minutos e depois queimou-se.

A nano matriz de carbono obtida ardeu no ar durante alguns segundos, confirmando a absorção de vestígios de etanol da solução. As medições de porosidade foram efectuadas por análise de absorção de azoto.

Ensaio 4: As peças da matriz de CNT são pesadas e colocadas numa seringa com uma rolha de Teflon na parte inferior e são adicionados 1,5 ml de reagente pré-requisito e mantidos imersos durante 20 minutos. A quantidade excedente de solvente é eliminada puxando o pistão para baixo e pesando o material inchado.

3.4.2 Funcionalização da rede de CNT

A rede de nanotubos de carbono pode ser funcionalizada por refluxo com HNO_3 (3M X 60 ml) durante 24 horas[28] , ocorre uma oxidação ligeira na parede lateral dos CNT. A mistura de reação foi arrefecida até à temperatura ambiente e diluída com água, seguida de filtração através de uma membrana de policarbonato (0,2pm). A rede de nanotubos de carbono assim oxidada foi submetida a sonicação com etilenodiamina e DCC durante 60 minutos. Lavada três vezes com 30 ml de MeOH e seca no vácuo. O ligante HMBA (3 equiv) foi ligado a esta matriz por acoplamento HOBt (6 equiv).

A molécula modelo de péptido foi ligada com sucesso à rede CNT utilizando a amidação activada por diiamida[29] . Os grupos amino desprotegidos na cadeia lateral das moléculas modelo podem ser funcionalizados por vários métodos de acoplamento químico disponíveis. Os elementos biológicos sensíveis, como os receptores celulares, as enzimas, os anticorpos ou os ácidos nucleicos, podem ser ligados às cadeias laterais deste modelo[30] .

3.4.3 Caracterização da matriz de CNT

Os estudos morfológicos da rede de CNT foram efectuados por TEM utilizando Tecnai-G220S-TWIN a uma tensão de 200 kV.
A análise SEM foi efectuada utilizando o modelo Hitachi S3000-H e o modelo TESCAN VEGA3. Os pedaços de amostra com o tamanho necessário foram retirados e observados em diferentes ampliações. O estudo FE-SEM foi efectuado com o modelo SUPRA 40VP da marca Carl Zeiss acoplado ao EDXA, marca OXFORD.

Capítulo 4

Resultados e discussão

4.1. Síntese e modificação funcional da resina de polietilenoglicol

O polietilenoglicol (PEG) funcionalizado foi sintetizado a partir de macro monómeros de polietilenoglicol. Os derivados de bis-amino-PEG foram submetidos a uma acriloilação parcial ou di-acriloilação, para obter macromonómeros[1] . A copolimerização de bis-amino-PEG com prop-2-enamida por copolimerização usando a técnica de suspensão inversa produziu menos resina reticulada. Em alguns casos, a N-N-Dimetilacrilamida foi utilizada como co-monómero[2] . Este método produz resina de polímero numa forma de pérolas adequada. Estes grânulos podem ser manuseados tanto em condições húmidas como secas. Ao reduzir os grupos carbonilo da amida neste copolímero, os grupos amino funcionais podem ser aumentados significativamente. (Esquema 1).

Tabela 4.1. Preparação do suporte à base de PEG

Monómeros utilizados	Tipo de resina			
MW(g/mole)	1900	4000	6000	8000
PEG (g)	62	64	54	60.8
Acrilamida	10	5	2.99	2.6
NH_2 (mmol/g)	0.12	0.14	0.088	0.079
Rendimento(g)	40	39	29	32
Rendimento (%)	90	80	67	55

O material de resina polimérica foi preparado sob a forma de esferas esféricas, que foram lavadas, secas e peneiradas para obter esferas uniformes. As pérolas obtidas com uma dimensão de 100-200 mesh foram principalmente recolhidas.

4.2. Caracterização da resina polimérica sintetizada

O suporte polimérico sintetizado foi caracterizado utilizando SEM, FT-IR, EDAX e propriedades de inchamento, em vários solventes geralmente utilizados na síntese de péptidos em fase sólida. A estabilidade química também foi determinada[3] .

4.2.1 Caracterização da superfície através de micrografia eletrónica de varrimento (SEM)

A micrografia eletrónica de varrimento (SEM) dos grânulos de PEG obtidos mostrou que os grânulos são esferas uniformes e com uma superfície regular.

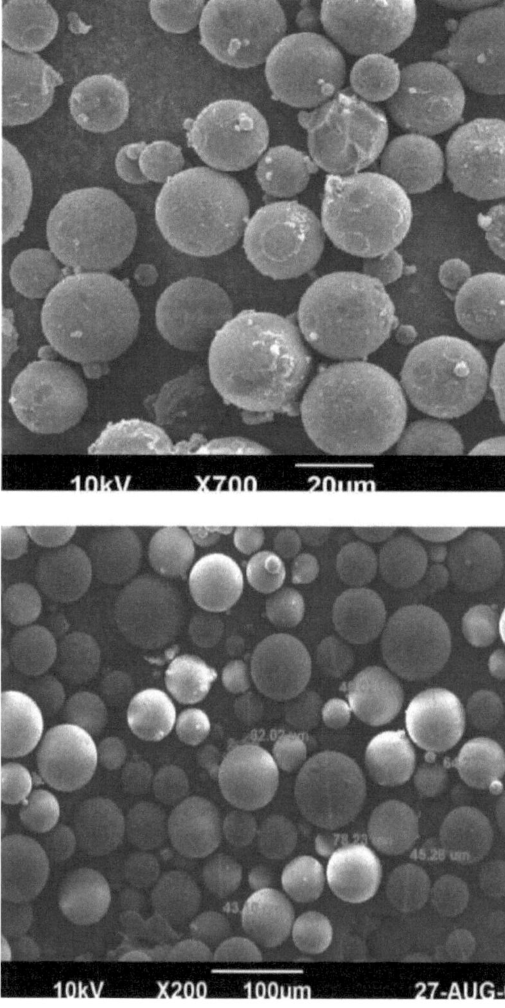

Fig. 4.1. Imagem SEM da resina polimérica (PEG) antes da lavagem e da peneiração

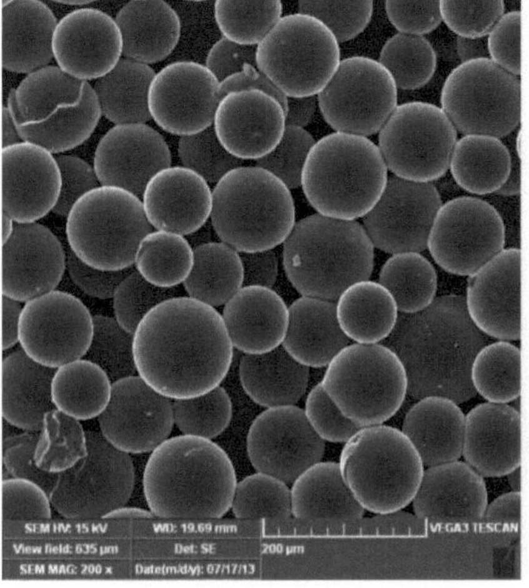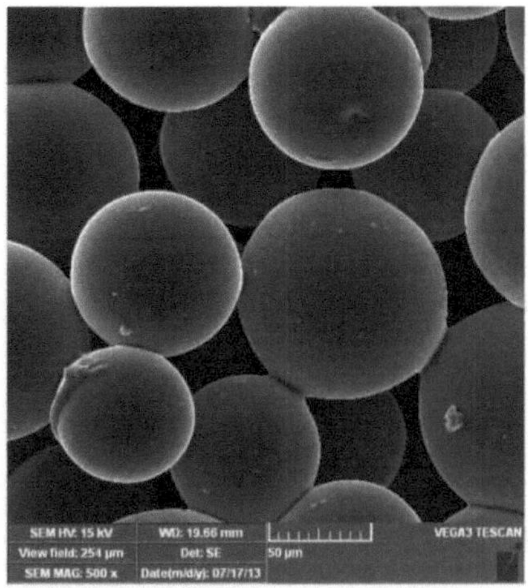

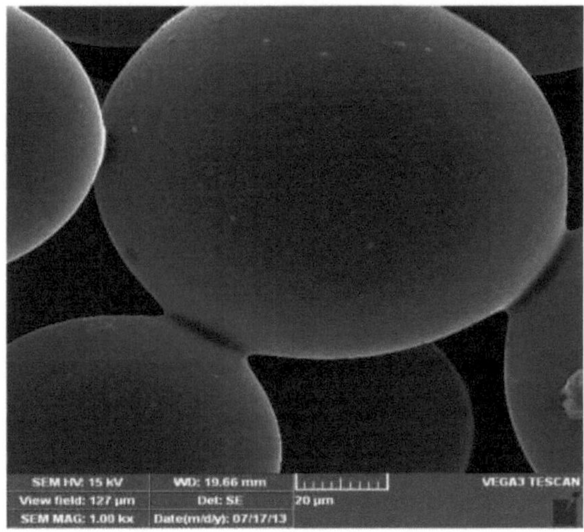

Fig.4.2. Imagens SEM da resina PEG modificada (após lavagem e peneiração adequadas)

4.2.2. Textura e análise elementar por EDXA

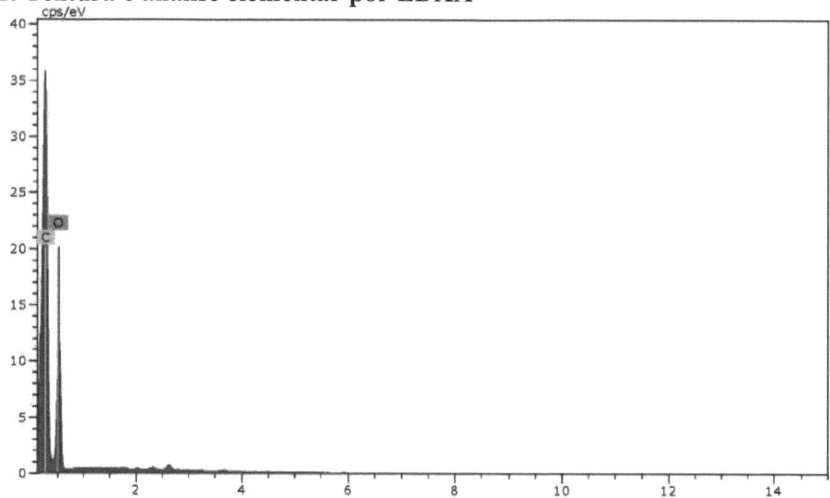

Fig.4.3.EDX (Espectroscopia de raios X por dispersão de energia) da resina PEG modificada

4.2.3. Análise FT-IR e FT-Raman

O espetro de infravermelhos por transformação de Fourier da amostra foi registado por um espetrofotómetro Tensor FT-IR da Bruker Optics. Todas as amostras foram registadas de 400 a 4000 cm^{-1} . Os vários grupos funcionais foram identificados a partir da frequência de absorção caraterística dos grupos específicos presentes na pérola de polímero[4] .

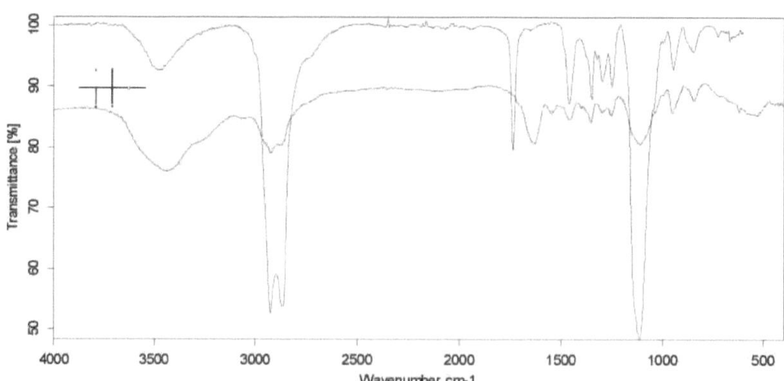

Fig.4.4. Espectros FT-IR da resina PEG

4.2.4. Estudos de inchaço

A resina foi tratada com reagentes e as suas propriedades de inchamento foram comparadas[5] . Zheng Wang et al[1] referiram que, com base no comprimento da cadeia polimérica e na extensão da reticulação, as resinas de polietilenoglicol incham mais numa variedade de solventes, como DCM, água, acetonitrilo, dimetilformamida, tetra-hidrofurano, etc. Enquanto que no éter dietílico não se observou qualquer inchaço[6] .

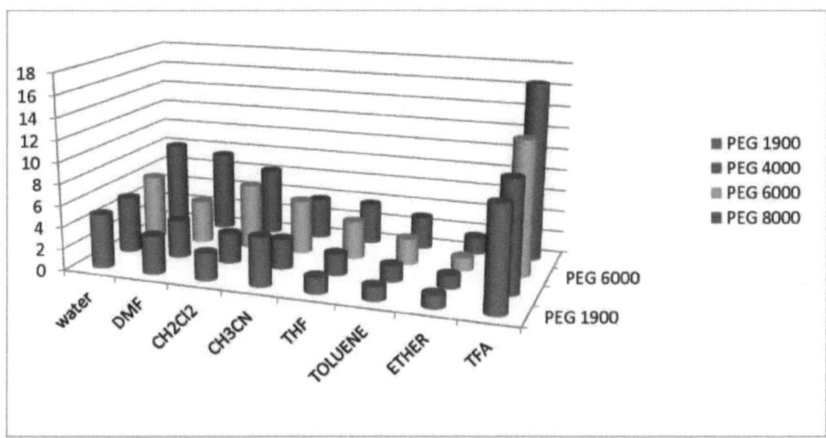

Fig.4.5.Comparação do inchaço das resinas PEG de tipo 1 (Resina A).

Fig. 4.6. Comparação do inchamento das resinas PEG de tipo 2 (Resina B).

4.2.5. Caracterização da carga da resina

Ao estimar a resina ancorada com Fmoc-Gly, é possível determinar a carga. A resina polimérica (5 mg) foi adicionada a uma mistura de 10 ml de solução de piperidina-dimetil formamida durante 30 minutos. O valor da DO da solução de piperidina-dibenzofulveno a 290 nm dá uma estimativa da capacidade amino da resina. A resina obtida pela co-polimerização de PEG parcialmente acriloilado e 5% de prop-2-enamida (Resina A) foi reduzida, que foi a resina de partida para obter a Resina B com carga funcional amino de 2 mmol/g.

4.2.6 Estabilidade em reagentes

A estabilidade desta resina em reagentes utilizados para SPPS foi comparada mergulhando a resina nos reagentes durante duas semanas. A dissolução ou mudança de cor da resina não foi encontrada em nenhuma destas condições. Isto indica que não há quebra de ligação durante o tratamento prolongado com estes reagentes[6].

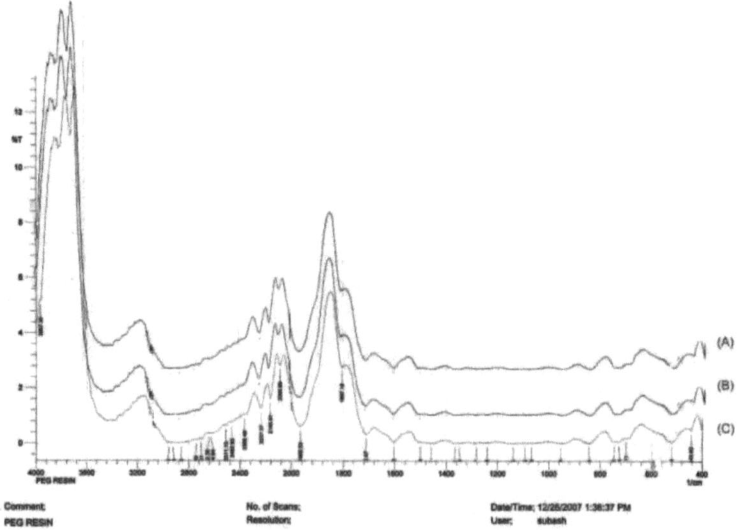

Fig.4.7. Espectro de IV de PEGA em (A) 20% de piperidina em DMF

(B) DBU (100%) (C) NaOH saturado.

4.2.7. Estabilidade mecânica

O módulo de compressão da resina à base de polietilenoglicol de alta capacidade é superior ao da resina de polietilenoglicol antes da redução do grupo amida. Isto mostra que as propriedades mecânicas da resina permanecem inalteradas mesmo após uma redução exaustiva.

4.2.8. Carregamento do grupo funcional

A carga funcional amino foi medida a partir da Resina B ligada a Fmoc-Glicina. A capacidade de carga do grupo amina da matriz polimérica é de 0,5 mmol/grama.

4.2.9. Síntese comparativa de péptidos em resina PEG funcionalmente modificada

Roice, Kumar e Pillai[7] relataram a montagem do aminoácido c-terminal do respetivo péptido (Fmoc-Valina, Fmoc-Alanina e Fmoc-Glicina) no suporte PEGA modificado como uma percentagem dependente do tempo e relacionada com a resina de poliestireno de ligação cruzada de hidroxilmetil divinilbenzeno. O acoplamento MSNT foi utilizado para ligar os aminoácidos à esfera de polímero. As esferas de PEG e PS-DVB com quase a mesma capacidade foram reagidas com MSNT (2 equiv.), Fmoc-aminoácido e N-metil imidazol (1,5 equiv.). A resina PEG necessitou de 50 min. Esta diferença deve-se às espinhas dorsais hidrofílicas e hidrofóbicas das resinas PEG e PS-DVB, respetivamente.

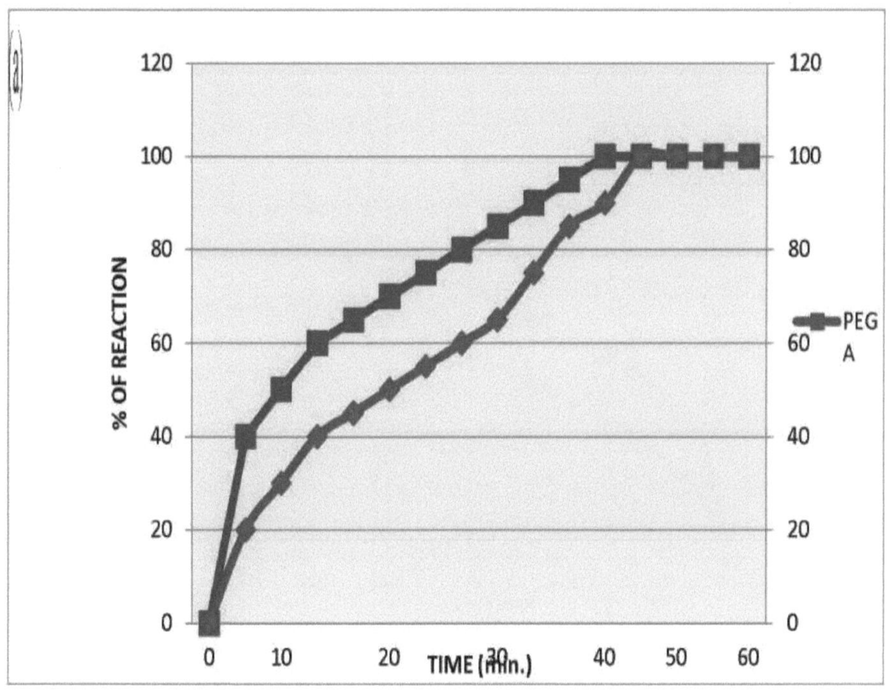

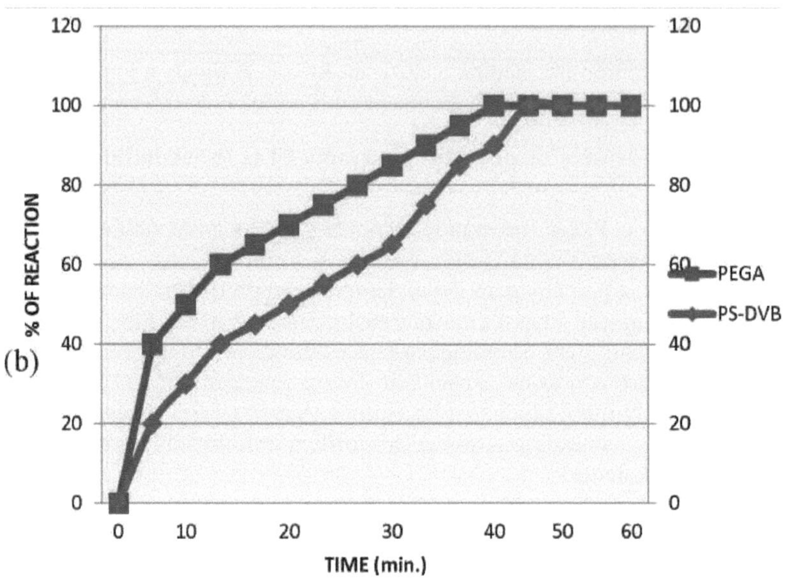

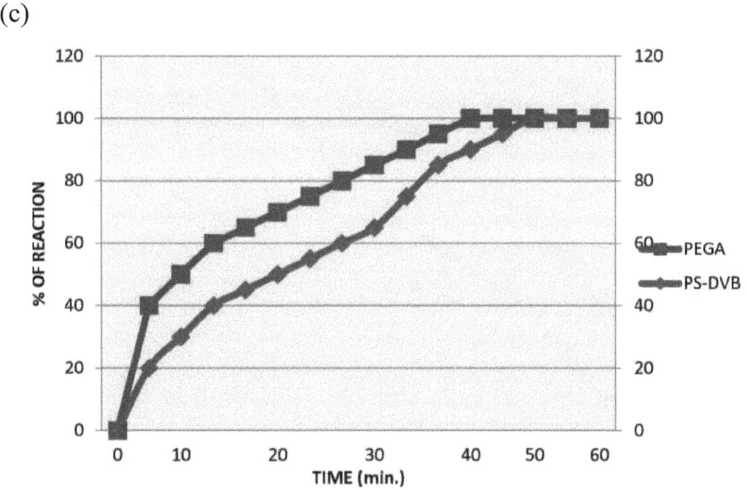

Fig. 4.8. Montagem de aminoácidos dependente do tempo: (a) Fmoc-Alanina; (b) Fmoc-Gilina (c) Fmoc-valina.

4.2.10. Síntese comparativa de péptidos

A eficiência da resina de polietilenoglicol modificada foi verificada através da preparação do péptido modelo de Merrifield e comparou-se o processo com o das resinas convencionais[8] . A acilação dependente do tempo foi efectuada comparativamente à temperatura ambiente (30^0 C) em todos os suportes poliméricos. O grau de reatividade nos primeiros 15 minutos foi maior para a resina de polietilenoglicol e houve um aumento de cerca de 25% na eficiência do acoplamento quando comparado com a resina de poliestireno reticulada com divinilbenzeno. A clivagem comparativa dependente do tempo da cadeia peptídica à mesma temperatura revelou que 95% do peptídeo é clivado em 5 horas a partir das pérolas de polietilenoglicol modificadas, enquanto a resina convencional necessitou de 15 horas para atingir 80% de clivagem. À medida que a temperatura aumenta, o tempo de clivagem da cadeia peptídica diminui. A pureza dos péptidos foi verificada por HPLC, que revelou alguns picos adicionais a alta temperatura. A pureza do péptido em bruto foi testada por HPLC[8] . A impureza foi totalmente removida e o péptido esperado foi extraído por RP-Preparative HPLC e liofilizado, tendo o péptido sido testado com espetroscopia MALDI TOF-MS[9] .

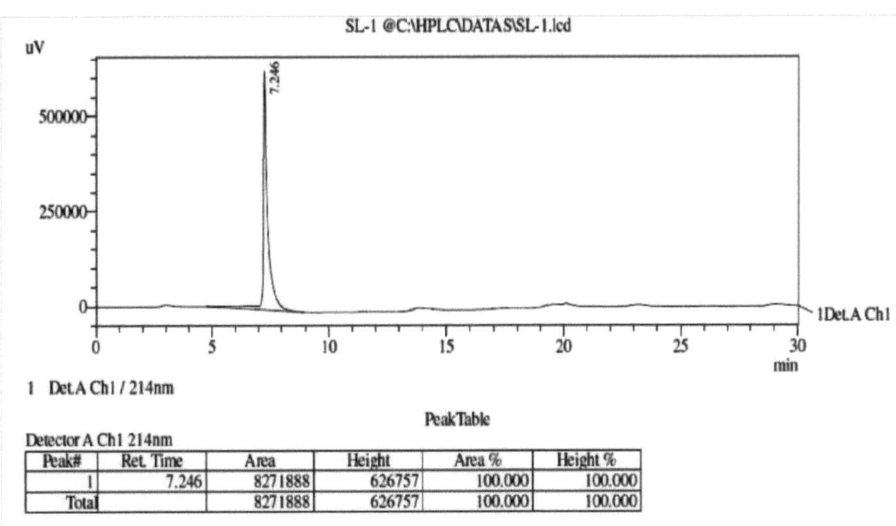

PeakTable

Detector A Ch1 214nm

Peak#	Ret. Time	Area	Height	Area %	Height %
1	7.246	8271888	626757	100.000	100.000
Total		8271888	626757	100.000	100.000

Fig.4.9. HPLC do péptido sintetizado

4.3. Síntese do modelo do péptido deca

A carga da resina pode ser determinada quantitativamente utilizando a lei de Beer Lambert a partir de uma curva padrão. A curva padrão é preparada pela absorção UV do aduto benzfulveno:piperidina formado pelo tratamento de 20% de piperidina:DMF. A proteção da cadeia lateral da Lys foi feita com o máximo cuidado para garantir a desproteção selectiva e suportar os ciclos de lavagem. A estratégia sintética adoptada foi resumida no esquema 2.

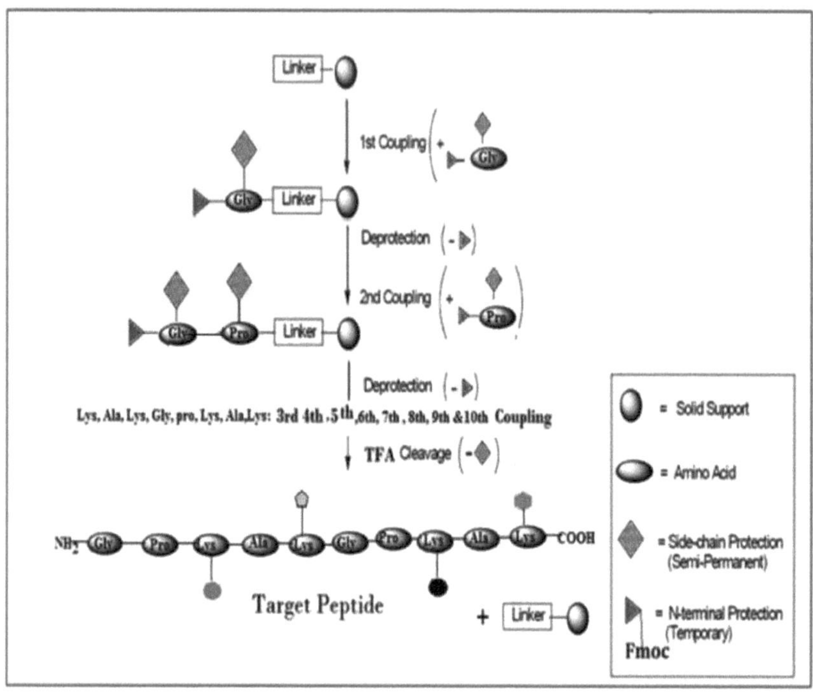

Esquema 2

Fig.4.10. Modelo do péptido K-A-K-P-G-K-A-K-P-G (Lys-Ala-Lys-Pro-Gly-Lys-Ala-

Lys-Pro-Gly-P)

Tabela 4.2: Esquema de síntese para H2N-Lys-Ala-Lys-Pro-Gly-Lys-Ala-Lys-Pro- Gly-COOH

Resíduos	Acoplamento			Ninidrina	Lavagem	Desproteção (15)x2	Lavagem
	1º	2.o	3ª				
Fmoc-Gly-OH	45	45	-	-ve	Feito	Feito	Feito
Fmoc-Pro-OH	30	30	-	-ve	Feito	Feito	Feito
Fmoc-Lys(Boc)	30	35	-	-ve	Feito	Feito	Feito
Fmoc-Ala-OH	30	30	-	-ve	Feito	Feito	Feito
Fmoc-Lys(Alloc)-OH	30	40	-	-ve	Feito	Feito	Feito
Fmoc-Gly-OH	30	30	-	-ve	Feito	Feito	Feito
Fmoc-Pro-OH	30	35	-	-ve	Feito	Feito	Feito
OH							
Fmoc-Lys(Dde)-OH	30	40	40	-ve	Feito	Feito	Feito

Fmoc-Ala-OH	30	40	40	-ve	Feito	Feito	Feito
Fmoc-Lys(pNZ)-OH				-ve	Feito	-	-

4.4. Análise por HPLC do péptido deca

O pico único e nítido (tempo de retoma 7,34 minutos) mostra claramente o nosso péptido alvo com >99% de pureza.

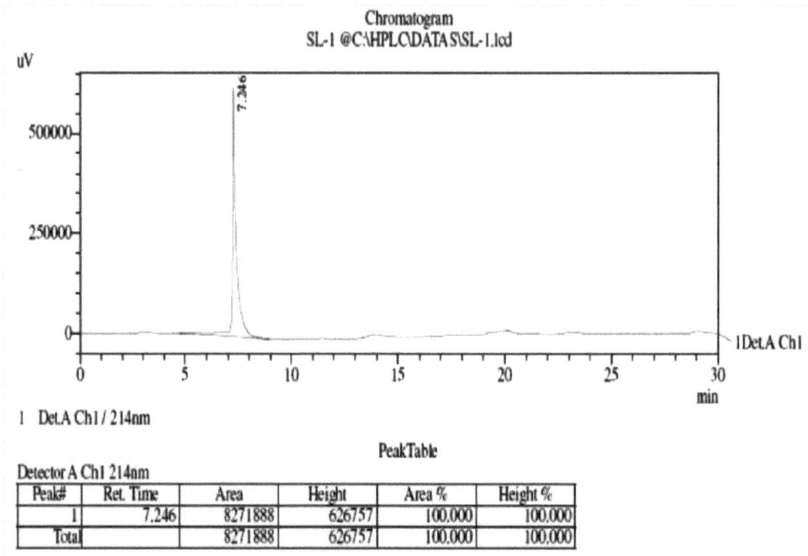

PeakTable

Detector A Ch1 214nm

Peak#	Ret. Time	Area	Height	Area %	Height %
1	7.246	8271888	626757	100.000	100.000
Total		8271888	626757	100.000	100.000

Fig.4.11. Relatório da análise por HPLC do decapeptídeo H_2 N-Lys-Ala-Lys-Pro-Gly-Lys-Ala- Lys-Pro-Gly-COOH

HPLC Método instrumental:

O sistema de HPLC especialmente concebido para amostras de péptidos e biológicas (Marca: M/s Shimadzu Corporation, Japão) RP-C_{18} coluna diâmetro 150mm x 2,6mm, comprimento 25cm, tamanho de partícula 5pm, tempo de execução 30mins, volume de injeção: 20pL, gradiente linear 5% acetonitrilo : 95% água a 0 mins, 100% acetonitrilo : 0% água a 30mins, caudal 1ml por minuto. Relatório: Pó branco claro, Pureza >99%HPLC, Rendimento 82,4%, Solúvel em água.

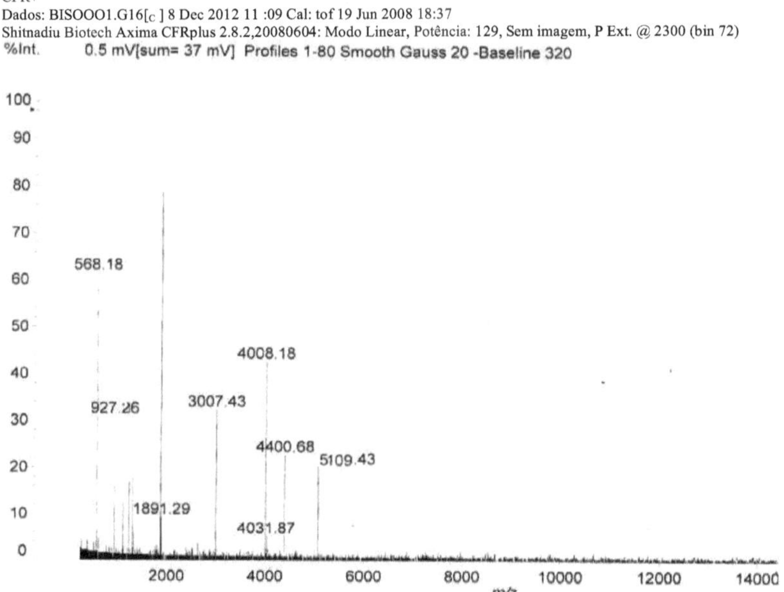

Fig. 4.12. MALDI TOF MS de um modelo decapeptídico

4.5. Síntese do nano tubo de carbono

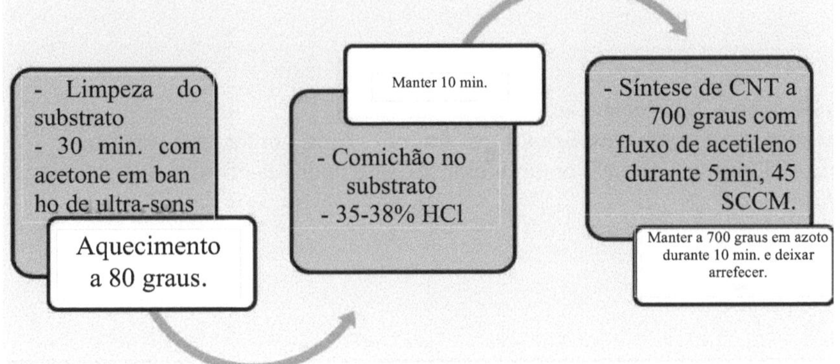

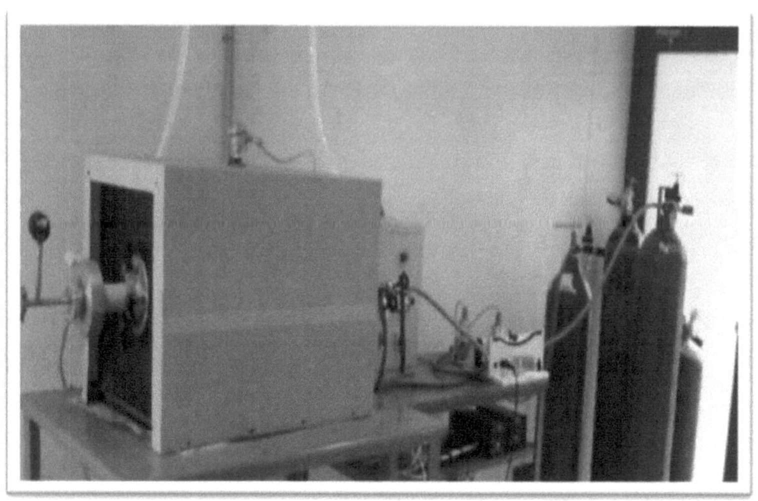

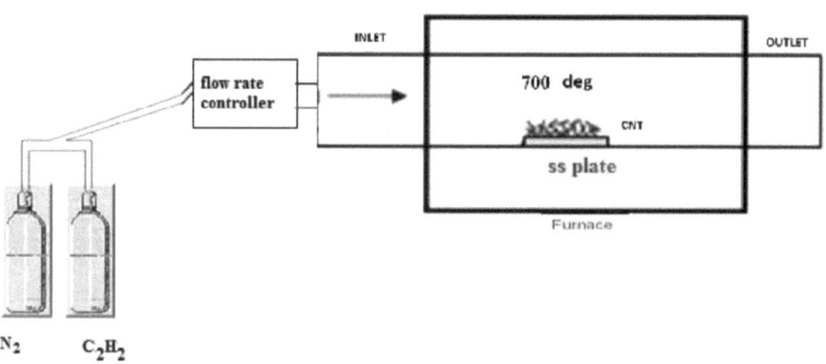

4.6. Purificação e caraterização de CNT

Os nanotubos de carbono sintetizados podem, por vezes, conter uma pequena quantidade de carbono amorfo como impureza, que pode ser eficazmente removida por recozimento[10] .

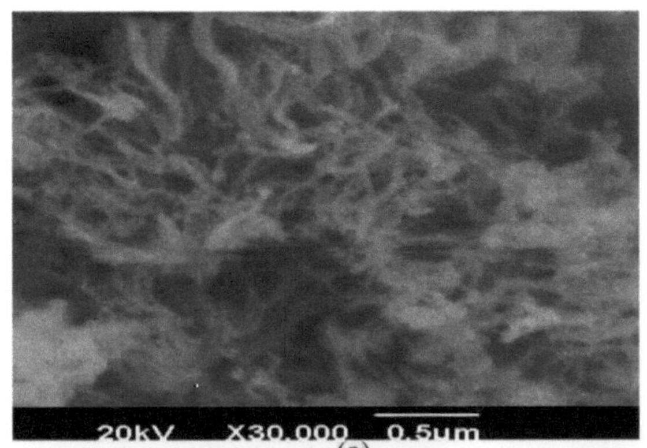

(a)

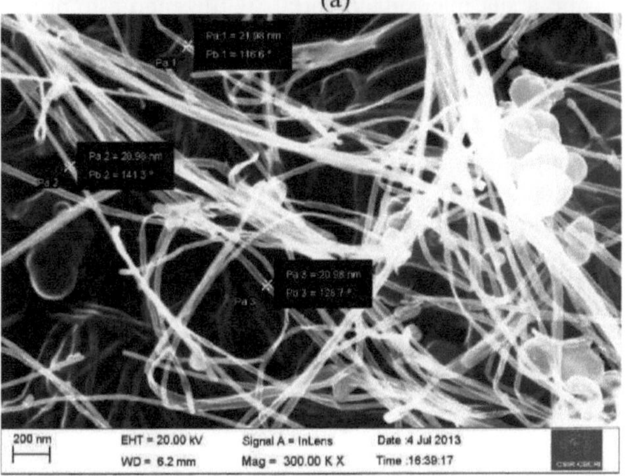

(b)

(c)

57

Fig. 4.14. SEM e FE-SEM de nanotubos de carbono (antes da purificação (a) & (b),
depois da
purificação (c))

4.6.1. Análise da microestrutura dos nanotubos de carbono por SEM e TEM

O SEM com EDXA é amplamente utilizado como técnica de análise de superfícies[11] . Um feixe de electrões de varrimento altamente ampliado (1^0) produz imagens de alta resolução da topografia da superfície, com uma excelente profundidade de campo. Os electrões primários de energia 0,5 - 30 kV entram na superfície e geram muitos electrões secundários com menos energia. Dependendo da topografia da superfície da amostra, a sua intensidade varia. [00]Utilizando este princípio, é possível criar uma imagem microestrutural da superfície do alvo, determinando a intensidade dos electrões em função da posição do feixe de electrões de varrimento. Com feixes de electrões capazes de serem focados em áreas muito estreitas (<10nm), é possível uma elevada resolução espacial.

Sudha et al[12] referiram que a análise TEM mostra a estrutura tubular dos CNT e também que a morfologia do tubo não foi destruída. Embora tenha havido quebra de tubos devido a agitação ou sonicação, que fazia parte da preparação do banho.

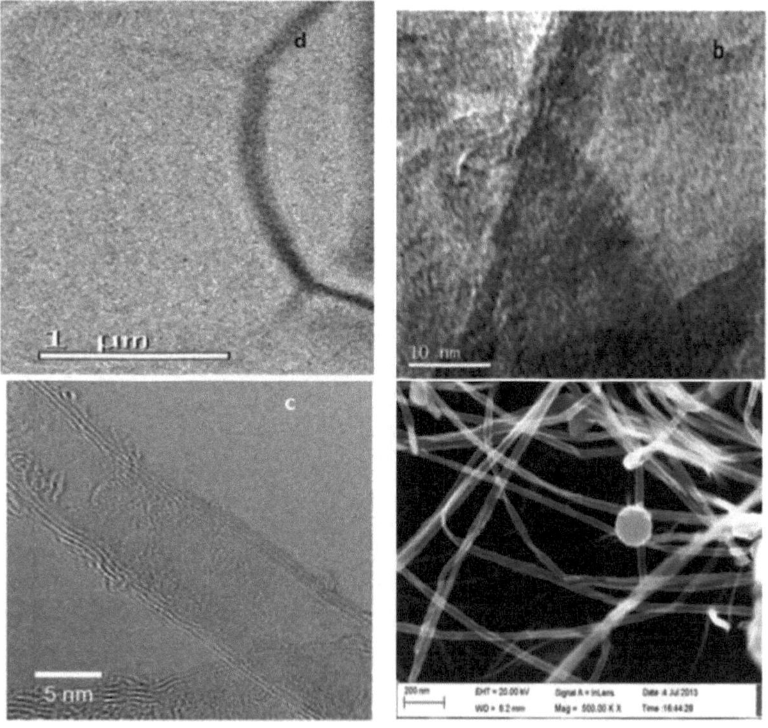

Fig.4.15. Análise SEM (a) e TEM de CNT pristinos (b), (c) e conjugado CNT-Peptídeo (d).

4.6.2. Análise FT-IR e FT-Raman

O espetro de transformação de Fourier das amostras foi registado por um espetrofotómetro Tensor FT-IR da Bruker Optics. Todas as amostras foram registadas de 400 a 4000 cm^{-1} . Os vários grupos funcionais foram identificados a partir da frequência de absorção caraterística dos grupos específicos presentes na amostra MWCNT funcionalizada.

Os espectros Raman da amostra foram analisados utilizando o Microscópio Raman RenishawInvia com laser He-Ne de 633 nm como fonte e o número de onda na gama de 1003300 cm^{-1} . A vibração de estiramento C-H é indicada pela presença de um pico na gama de 2800-2950 cm^{-1} e 2850 cm^{-1} . Isto indica a estabilidade da suspensão de nanotubos de carbono em água. O pico de estiramento -OH a cerca de 3400 cm^{-1} pode ser atribuído ao grupo hidroxílico da humidade, álcoois ou grupos carboxilo. A análise FTIR indica que a modificação funcional dos nanotubos de carbono foi efectiva. Nos espectros Raman, o pico a ~1480 cm^{-1} mostra a banda D induzida pela desordem e o pico da banda G tangencial situa-se a ~1670 cm^{-1} . Em todos os exames, notou-se a ausência de modos de respiração radial proeminentes nos espectros Raman. Como é sabido, o rácio das bandas G e D é um indicador útil da qualidade dos nanotubos de carbono. A amostra obtida apresenta igual intensidade das bandas D e G, o que reflecte a existência de menos defeitos na estrutura, alterando a funcionalização.

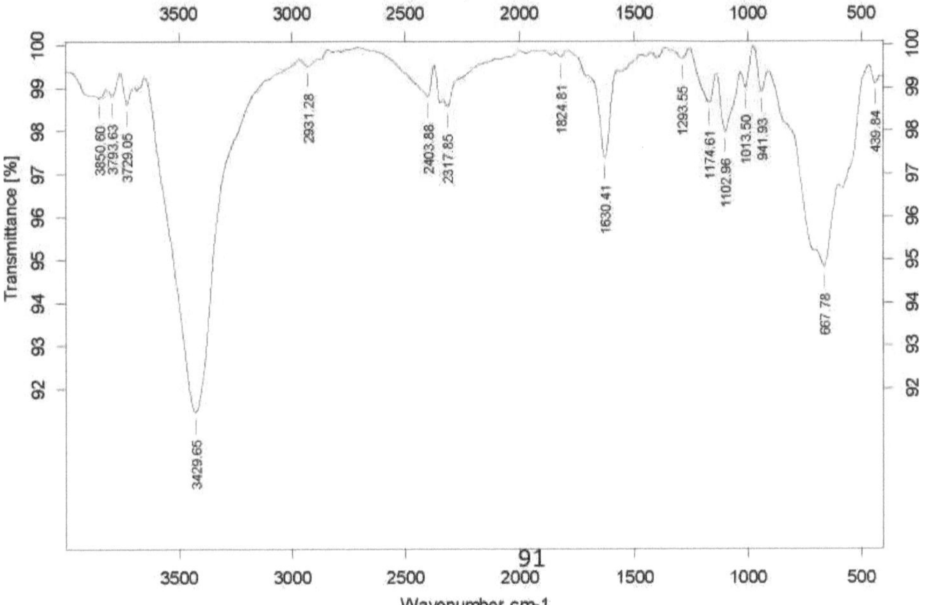

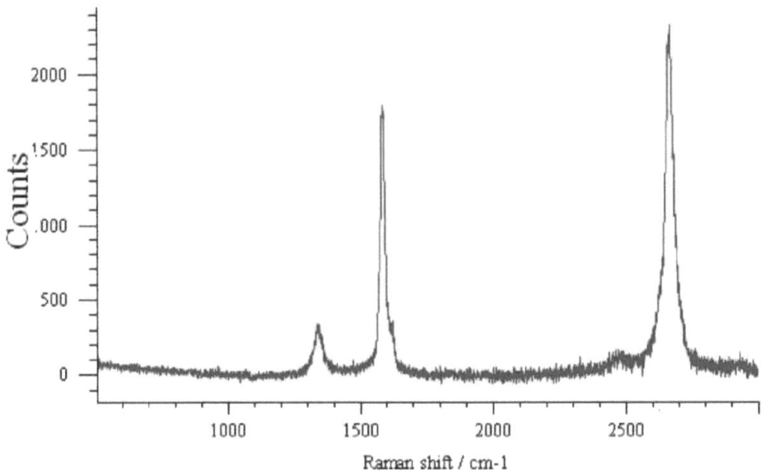

Fig.4.16. a) Espectro FT-IR e b) Espectro Raman dos CNT funcionalizados

4.6.3. Análise de superfície e elementar por EDX

A análise elementar da amostra obtida foi efectuada por EDXA utilizando a marca OXFORD. A mudança na orientação cristalográfica e o plano preferencial para os CNT foi identificada pelo padrão de difração de raios X (XRD).

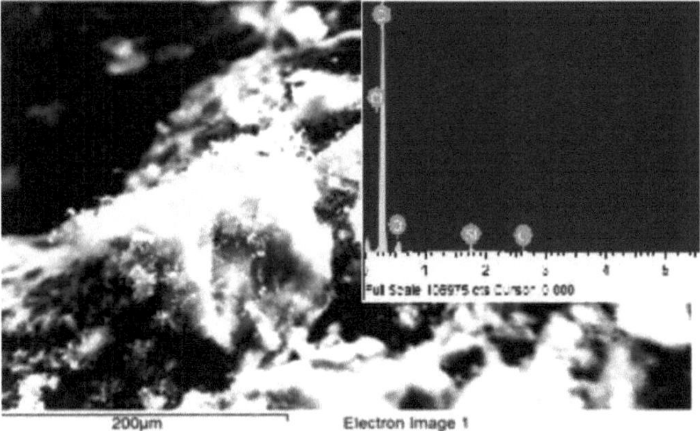

Fig.4.18. Análise EDX de CNT

4.6.4. Padrão de XRD dos CNT

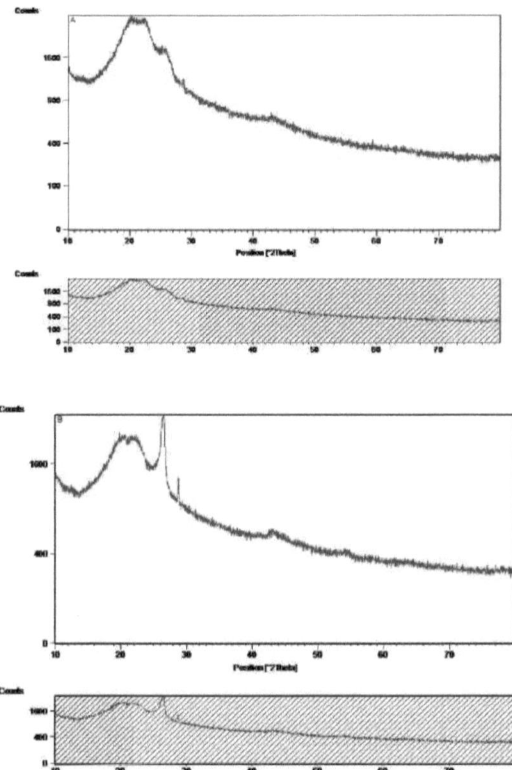

Fig. 4.19 Padrão XRD dos CNT antes e depois da funcionalização

4.7. Funcionalização de nanotubos de carbono

As modificações funcionais dos nanotubos de carbono ajudam a aumentar a sua solubilidade em reagentes orgânicos e facilitam o seu processamento[12-15] . Para aumentar a dispersabilidade dos nanotubos em líquidos, é necessário ligar moléculas/grupos funcionais seleccionados às suas paredes lisas. Mas isso não deve alterar as propriedades dos nanotubos. Este processo é designado por funcionalização.

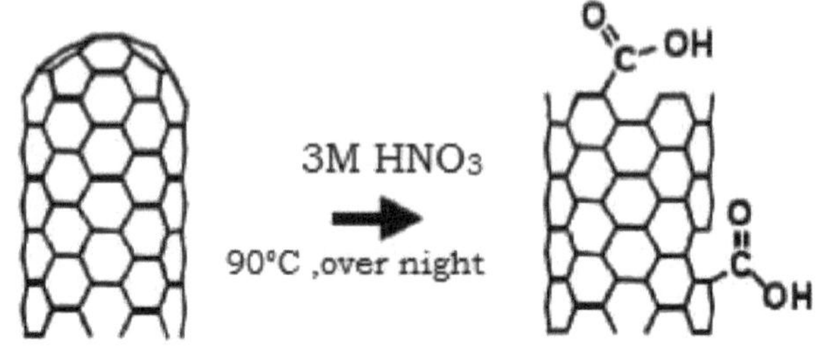

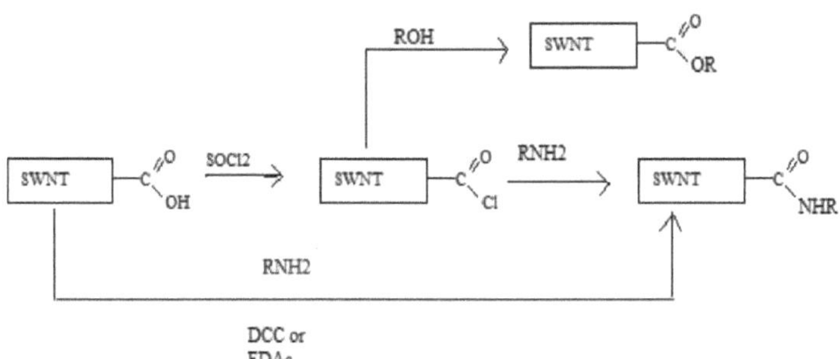

Fig.4.20. Esquema para a funcionalização de nanotubos de carbono

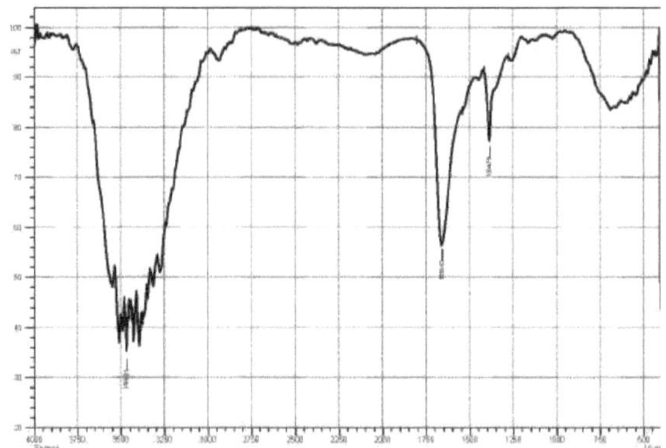

Fig. 4.21. Espectros FT-IR da rede de CNT funcionalizada com amino.

4.8. Funcionalização de nanotubos de carbono com péptidos.

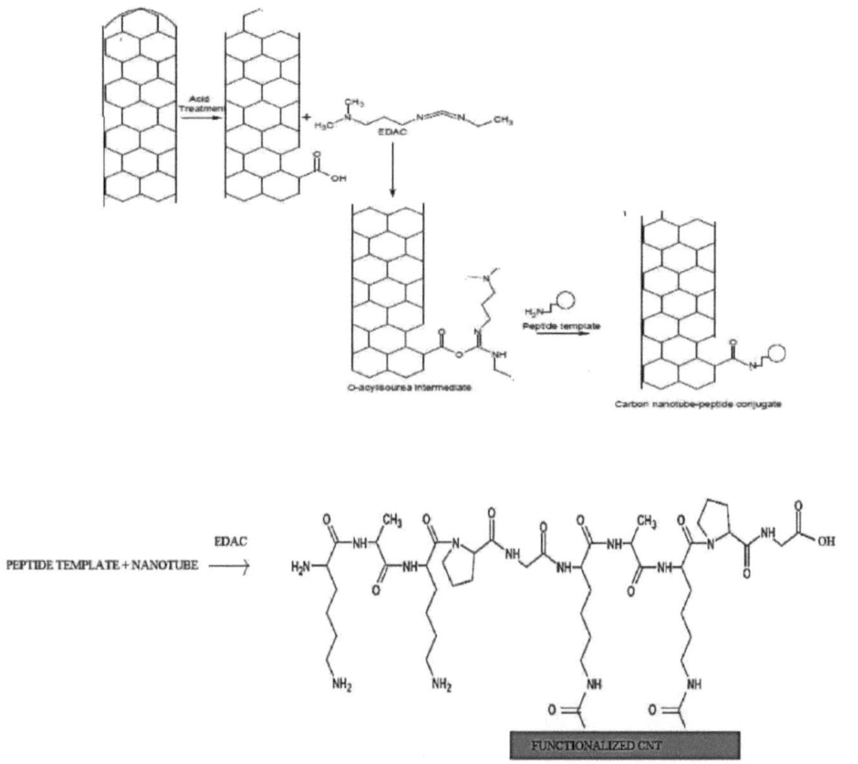

Fig.4.22. Representação esquemática do modelo de péptido conjugado com CNT.

4.9. Caracterização de nanotubos de carbono funcionalizados

A imagem microscópica eletrónica de transmissão dos nanotubos de carbono foi feita para avaliar a modificação funcional na estrutura tubular. Os resultados reflectiram que as paredes laterais foram modificadas e também sem danos na estrutura do tubo. No entanto, há uma quebra do tubo que pode ser devida à agitação ou à sonicação. É de notar que as folhas dos nano tubos de carbono não foram enfraquecidas e a morfologia do tubo não foi destruída e também a aglomeração de CNT foi reduzida pela funcionalização.

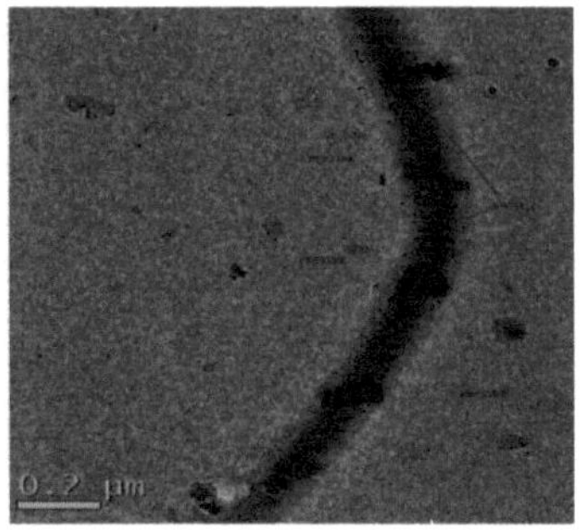

Fig.4.23. Imagens de microscópio eletrónico de transmissão (TEM) de CNT ligados a um modelo de péptido.

Síntese da rede de CNT

As redes tridimensionais de MWNT sintetizadas possuem uma matriz porosa hidrofóbica com uma elevada capacidade de absorção[12] . Trata-se de um material leve com elevada flexibilidade estrutural e também quimicamente estável. Esta rede de CNT foi sintetizada através de um método adaptado de deposição de vapor químico. A morfologia do produto foi estudada utilizando SEM, Fe-SEM, TEM-EDXA e FT-IR. As membranas feitas com estas matrizes são eficazes para serem utilizadas como um novo suporte para a síntese orgânica em fase sólida (SPOS) e síntese de péptidos em fase sólida (SPPS). A funcionalização da matriz de CNT é conseguida através do tratamento com HNO_3 e, em seguida, através da ligação de ligantes.

...... Ar H2 """

Fig.4.24. Diagrama esquemático da montagem sintética da matriz de CNT.

4.10.1 Funcionalização da rede de CNT

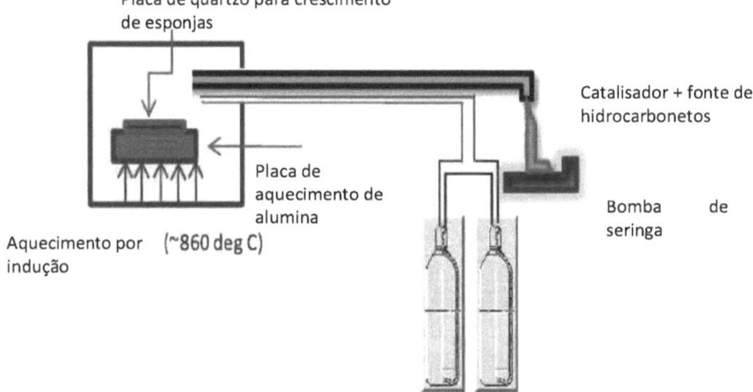

Tal como referido por vários investigadores[13,15] , "A introdução do grupo carboxilo na rede de CNT foi efectuada por refluxo com 60 ml de HNO 3 M_3 durante 24 horas". A mistura reacional obtida foi então arrefecida até à temperatura ambiente, seguida de diluição com água e filtração através de uma membrana de policarbonato (0,2pm). A rede de nanotubos de carbono CNT oxidada resultante foi sonicada durante uma hora com etileno diamina e DCC. Após lavagem com metanol (3x3), foi seca no vácuo. A sequência de péptidos K-A-K-P-G-K- A-K-P-G foi ligada com êxito à rede de CNT utilizando a amidação activada por diimida[16] . Os grupos amino da cadeia lateral livre nas moléculas modelo podem ser tratados por uma variedade de métodos de acoplamento químico disponíveis. Qualquer molécula com funcionalidades adequadas (péptidos, oligonucleótidos, hidratos de carbono, rótulos e fármacos) pode ser tratada e ligada ao modelo. **Os** elementos biológicos sensíveis, como os receptores celulares, as enzimas, os anticorpos ou os ácidos nucleicos, podem ser ligados às cadeias laterais deste modelo[17] .

4.10.2 Caracterização da rede de CNT (matriz tridimensional)

A caraterização dos CNT é efectuada da seguinte forma: A análise SEM foi efectuada no modelo Hitachi S3000-H e no modelo TESCAN VEGA3. As amostras preparadas foram cortadas em tamanhos apropriados e, sem qualquer tratamento de superfície, foram visualizadas com diferentes ampliações. A análise por Microscopia Eletrónica de Varrimento e Emissão de Campo (FE-SEM) foi realizada utilizando o modelo SUPRA 40VP da marca Carl Zeiss com acessório EDX da marca OXFORD. A mesma amostra utilizada para a análise SEM foi também utilizada para a análise FE-SEM. A sobreposição das paredes dos CNT foi evidente na análise TEM.

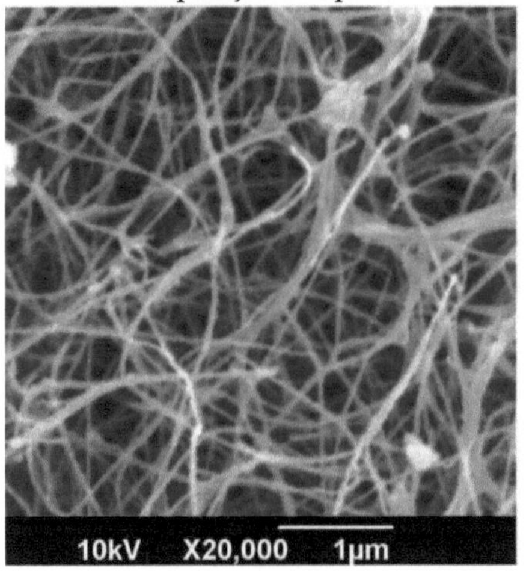

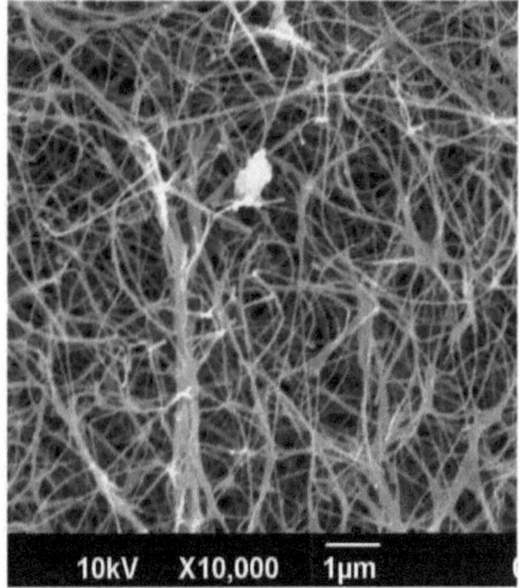

Fig. 4.25. Imagens SEM da rede de nanotubos de carbono

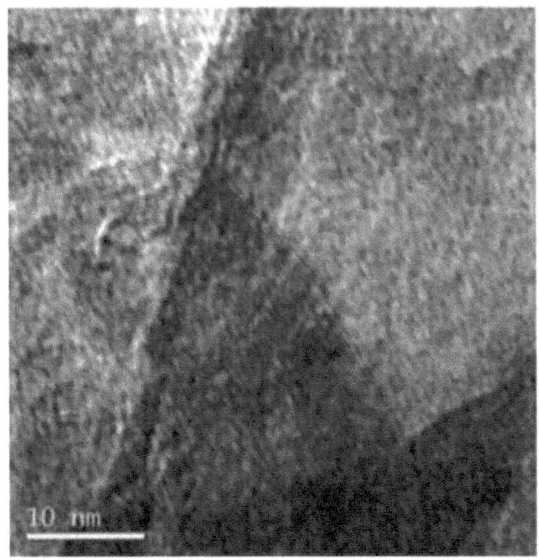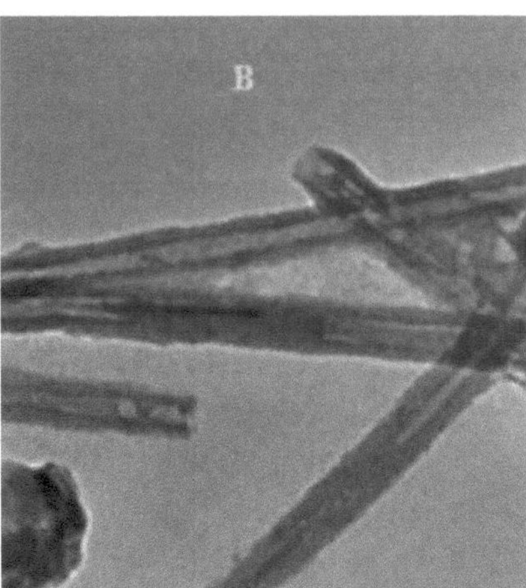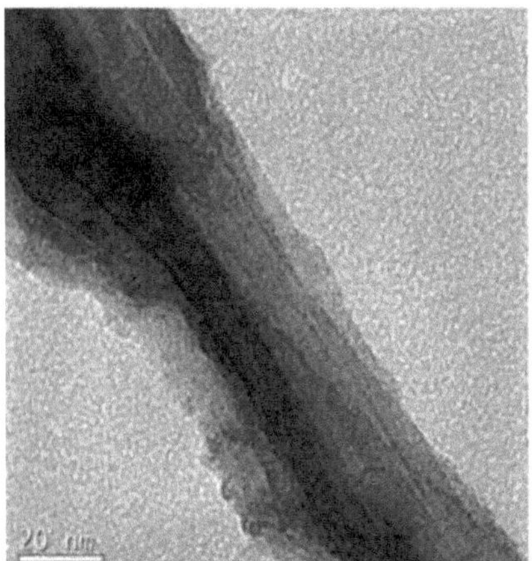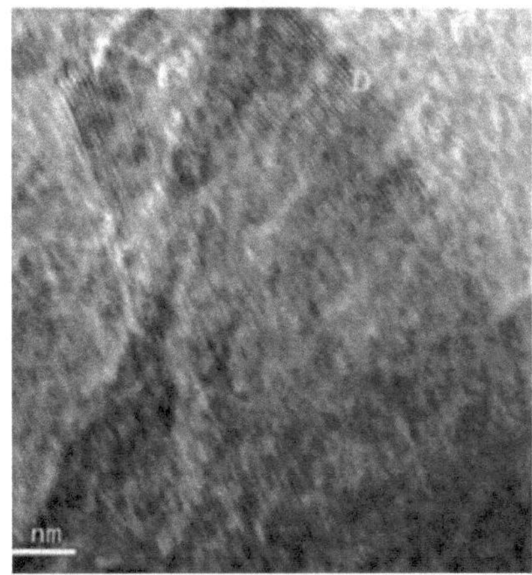

Fig.4.26. Imagens TEM da rede de CNT e de um único filamento de CNT (MWNT)

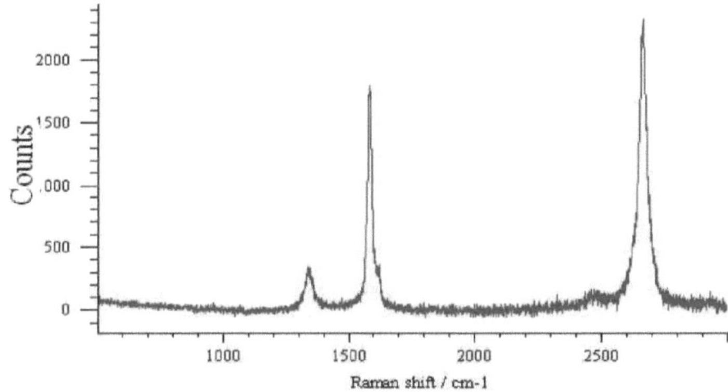

Fig.4.27. Espectros Raman de CNT funcionalizados com carboxilo.

4.10.3. Medição da porosidade e estudos de absorção

A nano matriz de carbono obtida quando mergulhada em etanol ardeu no ar durante alguns segundos, confirmando a absorção de vestígios de etanol da solução. A natureza física e química da matriz permaneceu inalterada mesmo após a combustão. As medições da porosidade foram efectuadas através da análise de absorção N $_2$[18] .

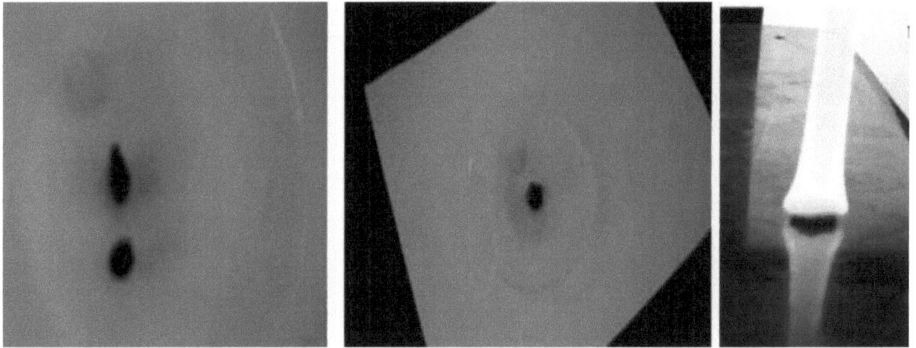

Fig.4.28. Fotografia da matriz de nanotubos de carbono obtida, o etanol adsorvido pode ser queimado, regenerando a matriz de CNT.

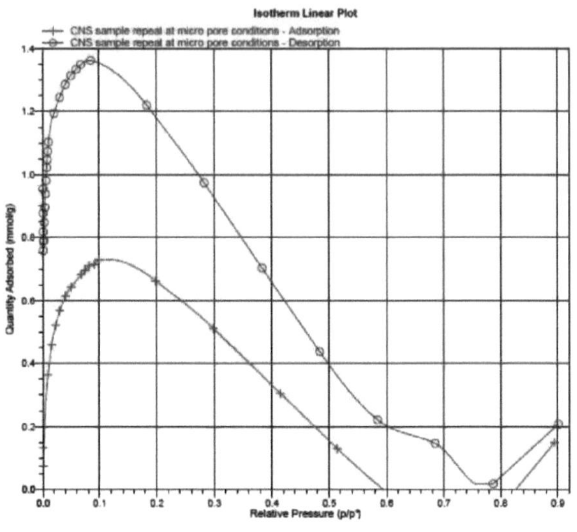

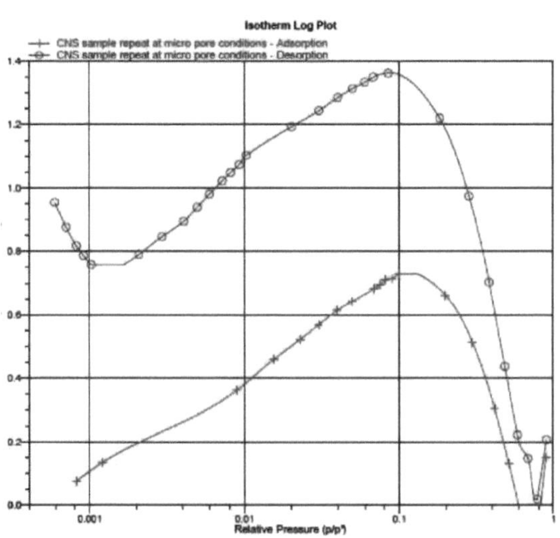

Fig.4.29. Gráfico de absorção da rede de CNT com N_2 como absorvente de análise
O valor Q (relação entre o peso final e o peso inicial após absorção total) foi determinado por imersão de amostras de CNT em vários solventes (1 ml), com um tempo de permanência de 20 minutos para cada um.

Tabela 4.3. Estudos de absorção da matriz de CNT

Tempo de residência=20 min; Solvente utilizado =1 ml

SOLVENTES	DENSIDADE (g/cm3)	Q VALOR (%)
HEXANE	0.7	90
ETANOL	0.8	95
VEG. ÓLEO	0.9	110
DMF	0.9	140
ETILENOGLICOL	1.1	170
CHLOROFORM	1.4	175

A rede de CNT apresentou elevadas capacidades de absorção[19] (definidas por Q, a relação entre o peso final e o peso inicial após absorção total) de 80 a 180 vezes o seu próprio peso para uma vasta gama de solventes e óleos, com Q mais elevado para líquidos de maior densidade (por exemplo, clorofórmio).

Q value

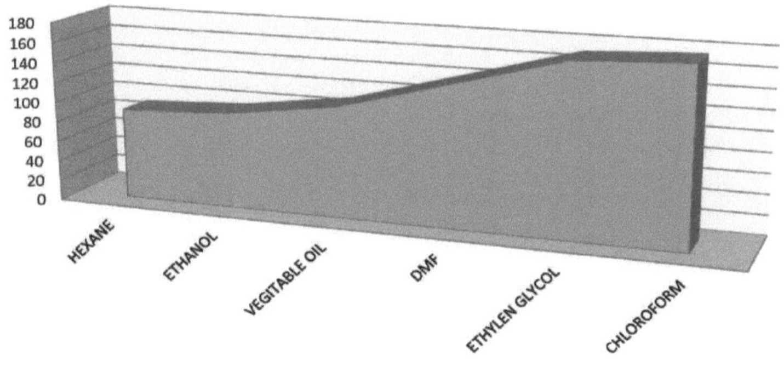

	HEXANE	ETANOL	ÓLEO VEGETAL	DMF	ETILENO GLICOL	CHLOROFORM
Valor Q	90	95	110	140	170	175

Fig.4.30. Gráfico do valor Q para o estudo de absorção da matriz de nanotubos de carbono.

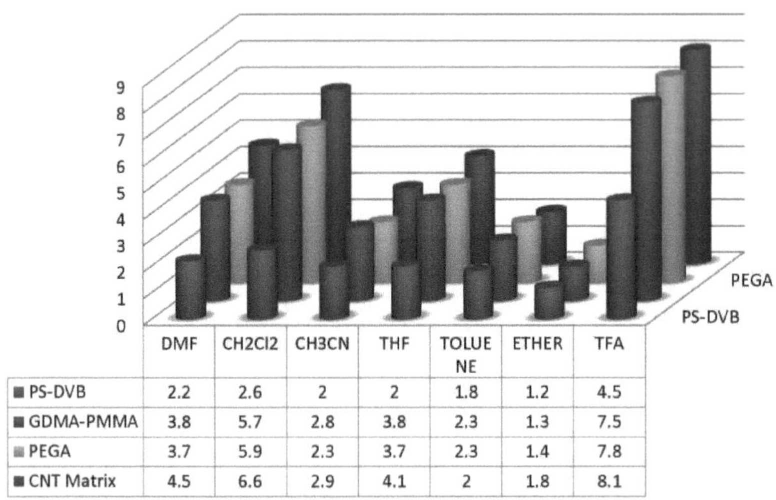

	DMF	CH2Cl2	CH3CN	THF	TOLUENE	ETHER	TFA
■ PS-DVB	2.2	2.6	2	2	1.8	1.2	4.5
■ GDMA-PMMA	3.8	5.7	2.8	3.8	2.3	1.3	7.5
■ PEGA	3.7	5.9	2.3	3.7	2.3	1.4	7.8
■ CNT Matrix	4.5	6.6	2.9	4.1	2	1.8	8.1

Fig. 4.31.Comparação do inchamento da matriz de CNT com resinas poliméricas

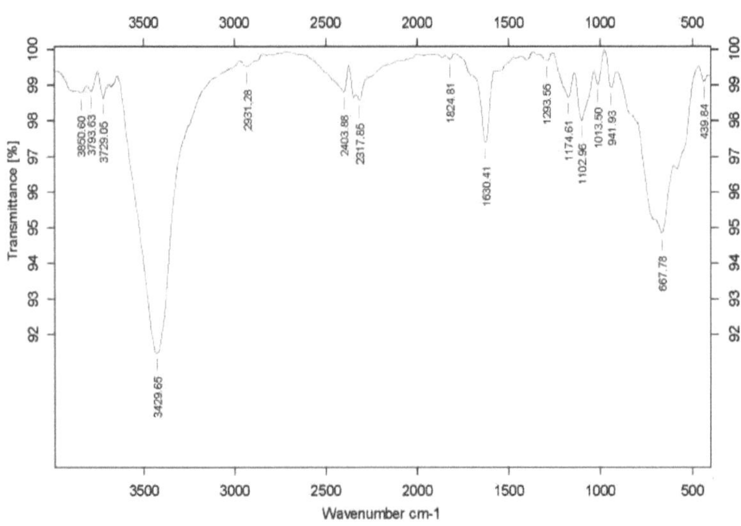

Fig.4.32. FT-IR da matriz de nanotubos de carbono

Resumo, conclusões e recomendações

Foi feita uma tentativa de criar uma confluência entre o modelo de péptido e o nanotubo de carbono (CNT) com o objetivo a longo prazo de conceber uma ferramenta de diagnóstico ultrassensível a partir deste andaime péptido-CNT[1] . A síntese e a purificação dos nanotubos de carbono também foram efectuadas para melhorar a estratégia sintética apresentada. Foi adoptada uma estratégia sintética limpa e económica. A ligação de péptidos a nanotubos de carbono foi feita com várias estratégias de acoplamento disponíveis e o processo foi optimizado para obter um conjugado estável. O potencial deste tipo de molécula sensora está ainda por explorar, avaliando a viabilidade do conjugado péptido-CNT preparado como bio-sensor e/ou como ferramenta para acompanhar reacções celulares. Embora as várias formas de CNTs sejam quimicamente inertes, as suas extremidades e paredes laterais são passíveis de anexar uma variedade de grupos químicos.

Os CNT têm boas propriedades eléctricas, resistência mecânica e condutividade térmica ao longo do eixo do tubo é muito elevada[2] . A condutividade e a capacidade de transporte de corrente são muito elevadas em comparação com metais como o cobre. Todas estas interessantes propriedades estruturais, mecânicas, eléctricas, térmicas e outras conduziram a um incrível leque de desenvolvimento de aplicações. A modificação covalente através da funcionalização orgânica dos grupos terminais e das paredes laterais dos nanotubos de carbono torna-os aptos a serem transformados em sensores químicos ou biossensores[3-5] .

Este trabalho foi realizado tendo em conta os seguintes problemas de investigação;
> Conceção de um método viável para sintetizar tubos de CNT menos contaminados e mais uniformes
> Encontrar uma estratégia de acoplamento adequada para imobilizar moléculas biológicas na superfície dos CNT.
> Fabrico e integração de modelos de péptidos em CNT

O presente trabalho descreve a preparação e aplicação de nanotubos de carbono (CNT) funcionalizados ligados a péptidos biologicamente activos. O trabalho foi efectuado em três fases. A primeira fase foi a síntese de um suporte sólido à base de polietilenoglicol e a sua modificação funcional. A segunda fase foi a síntese do modelo do péptido deca neste suporte de PEG modificado por síntese em fase sólida. A terceira e última fase foi a síntese de nanotubos de carbono e de redes tridimensionais de nanotubos de carbono e a sua funcionalização com o modelo de decapeptídeo.

As resinas de polímero para a síntese de péptidos em fase sólida (SSPS) e os nanotubos de carbono foram sintetizados no laboratório utilizando a tecnologia existente, mas com modificações para uma melhor relação custo-eficácia. Os nanotubos de carbono funcionalizados com análogos de péptidos biologicamente importantes foram obtidos com sucesso e caracterizados por um analisador TEM.

Aqui foi demonstrada uma abordagem bem sucedida da utilização de péptidos para fixação em nanotubos de carbono para aplicações biomédicas. Para as aplicações biomédicas dos CNT, a compreensão clara da química da funcionalização da superfície é crucial. A sua aplicação conduzirá à conceção de biossensores ultra-sensíveis e de ferramentas de diagnóstico para aplicações médicas, ambientais e de segurança. Os nanotubos de carbono são constituídos apenas por átomos de carbono, enquanto muitas substâncias inorgânicas (por exemplo, pontos quânticos) contêm metais pesados indesejados e perigosos. A sequência peptídica K-A-K-P-G-K-A-K-P-G foi sintetizada com sucesso em resina à base de polietilenoglicol e ligada a nano tubos de carbono. Os grupos amino da cadeia lateral livre constituem um novo sítio funcional para a ligação de moléculas biologicamente relevantes. Os elementos biológicos sensíveis, como os receptores celulares, as enzimas, os anticorpos ou os ácidos nucleicos, podem ser ligados às cadeias laterais deste modelo.

A estrutura de nanotubos de carbono com péptidos sintetizada pode ainda ser modificada para detetar sinais de cancro, agentes infecciosos causadores de doenças e outras condições patológicas. As vantagens dos CNT em relação a outros materiais na aplicação de sensores biomédicos devem-se à sua pequena dimensão, excelentes propriedades mecânicas, propriedades eléctricas e térmicas únicas e elevada sensibilidade. O modelo em anexo fornece um sítio múltiplo que é um passo promissor para o desenvolvimento de uma ferramenta de diagnóstico ultrassensível para aplicação biomédica.

A rede de CNT (Multi walled) preparada consiste numa matriz porosa com hidrofobicidade e uma excelente capacidade de absorção. Esta matriz hidrofóbica leve tem uma flexibilidade estrutural excecional e é quimicamente estável. As membranas feitas com estas matrizes podem ser efetivamente utilizadas como um novo suporte em SPOS e SPSS.

Esta nova rede tridimensional à base de nano tubos de carbono pode ser projectada funcionalmente e pode ser utilizada como suporte sólido mais eficiente em comparação com as resinas poliméricas. A matriz proposta oferece propriedades mecânicas únicas combinadas com estabilidade química. Os poros de tamanho micro e nano absorvem facilmente até solventes espessos e facilitam as reacções com a matriz de forma fácil e eficiente. Esta técnica é mais limpa e ecológica. A rede de CNTs pristina é hidrofóbica, tem uma área de superfície e porosidade óptimas, o que ajuda a uma maior solvatação e a imitar a reação da fase líquida. Os seus poros nanométricos podem absorver óleos ou fluidos pesados e pegajosos sem dificuldade[6] . Tal como as esferas de resina polimérica, esta matriz recentemente proposta também pode ser funcionalizada com ligantes adequados. A matriz de CNT satisfaz todas as propriedades que são necessárias para um material de suporte para SPPS. Mais importante ainda, as propriedades únicas deste material, como a sua porosidade e grande área de superfície, elevada capacidade de absorção e óptima resistência química. Estas propriedades fazem deste material à base de CNT um candidato potencial como suporte sólido para SPPS. Reformas adicionais e uma estratégia de funcionalização viável ajudarão a sintetizar uma matriz de suporte peptídico-CNT incorporada como uma ferramenta de diagnóstico ultrassensível, económica e versátil.

Os contributos inovadores para o trabalho são:

i. Preparou um modelo de péptido ligado a um nanotubo de carbono que pode ser modificado numa plataforma para aplicações de diagnóstico.

II. Uma nova abordagem para associar a estratégia de síntese de péptidos em fase sólida à nanotecnologia.

III. A matriz de rede de nanotubos de carbono sintetizada tem aplicações versáteis, mas aqui foi apresentada uma tentativa de a utilizar como suporte sólido para a síntese de péptidos.

IV. O objetivo final do trabalho é sintetizar uma ferramenta de diagnóstico ultrassensível a partir deste modelo de péptido ligado a nanotubos de carbono e a uma matriz biossensorial de nanotubos de carbono.

Referências

[1]   . Ijima,S. Microtúbulos helicoidais de carbono grafítico, Nature 354, 1991, 56.

[2]   . Bianco, A., Kostarelos, K., Partidos, C., Prato, M. Biomedical applications of functionalized carbon nanotubes, Chemical Communications 130(49), 2004, 571.

[3]   . Thomas Uhlig etal. The emergence of peptides in the pharmaceutical business: From exploration to exploitation, e u pa open proteomics, 4, 2014, 58-69.

[4]   . Kong ,J., Franklin, N.R., Zhou, C., Chapline ,MG., Peng ,S., Cho K, Dai H. Nanotube molecular wires as chemical sensors, Science 287(5453), 2000, 622-625.

[5]   . Star ,A., Gabriel .J.CP., Bradley, K., Gruener ,G. Electronic detection of specific protein binding using nanotube FET devices, Nano Lett. 3, 2003,459-463.

[6]   . Britto, PJ., Santhanam ,KSV., Ajayan, PM. Elétrodo de nanotubos de carbono para a oxidação da dopamina, Bioelectrochem Bioenerg 41, 1996,121-125.

[7]   . Chen, RJ., Bangsaruntip ,S., Drouvalakis, KA., Kam ,NW., Shim, M., Li Y, Kim, W., Utz ,PJ., Dai, H. Proc Natl Acad Sci U S A. 100(9),2003,4984-49849.

[8]   . A. Koshio, M. Yudasaka, M. Zhang e S. lijima, Uma forma simples de reagir quimicamente nanotubos de carbono de parede simples com materiais orgânicos usando ultra-sons, Nano Lett., 1,2001, 361-363

[9]   . Merrifield, B. Síntese em fase sólida, *Science 232,* 1986, 341-347.

[10]   Fields GB (ed.). Methods in Enzymology, Solid-phase Peptide Synthesis, Nova Iorque: Academic Press, 289,1997.

[11]   . Bodanszky M. Princípios da síntese de péptidos (2ª ed.): Springer- Verlag, 1993.

[12]   . Georgakilas, V., Tagmatarchis, N., Pantarotto, D., Bianco, A., commercial optical biosensors, J. Mol. Recognit. *14*, 2002,261-268.

[13]   Nguyen, C.V., Delzeit, L., Cassel, A.M., Li, J., Han, J., e Meyyappan, M. Preparation of nucleic acid functionalized carbon nanotube arrays. Nano Lett. *2*,2002,1079-1081.

[14]   . A. Loffet & H.X. Zhang in R.Epton (ed.), Innovation and Perspectives in Solid Phase Synthesis Peptides, Polypeptides &Oligonucleotides, Intercept, Andover, 77,1992,1070-1079

[15]   . Forns, P.; Fields, G. B. In *Solid-Phase Synthesis. A Practical Guide;* Kates, S. A., Albericio, F., Eds.; Marcel Dekker, NewYork, 2000.

[16]   . Mutter M, Oppliger H, Zier A. Solubilização de grupos protectores na síntese de péptidos. Efeito de derivados de poli(etilenoglicol) ligados a cadeias laterais na formação de folhas b de péptidos modelo, *Makromol. Chem. Rapid Commun.* 13,1992, 151-157.

[17]   A. Yokoyama, Y. Sato, Y. Nodasaka, S. Yamamoto, T. Kawasaki, M. Shindoh, T.Kohgo, T. Akasaka, M. Uo, F. Watari, K. Tohji, Comportamento biológico das nanofibras de carbono empilhado no tecido subcutâneo de ratos, Nano Lett. 5 ,2005, 157161.

[18]   K.L. Klein, A.V. Melechko, T.E. McKnight, S.T. Retterer, P.D. Rack, J.D. Fowlkes, D.C.Joy, M.L. Simpson, Surface characterization and functionalization of

carbon nanofibers, J. Appl. Phys. 103, 2008, 61301-61326.

[19] H. Dai, Carbon nanotubes: synthesis, integration, and properties, Acc. Chem. Res.35 ,2002, 1035-1044.

[20] W. Joseph, Carbon-nanotube based electrochemical biosensors: a review, Electroanalysis17,2005, 7-14.

[21] P.G. Collins, K. Bradley, M. Ishigami, A. Zettl, Extrema sensibilidade ao oxigénio das propriedades electrónicas dos nanotubos de carbono, Science 287, 2000, 1801-1804.

[22] Huang WJ, Taylor S, Fu KF, Lin Y, Zhang DH, Hanks TW, et al. Attaching proteins to carbon nanotubes via diimide-activated amidation, Nano Lett, 2(4), 2002,311-4.

[23] W. Joseph, Carbon-nanotube based electrochemical biosensors: a review, Electroanalysis17, 2005, 7-14.

[24] P.G. Collins, K. Bradley, M. Ishigami, A. Zettl, Extrema sensibilidade ao oxigénio das propriedades electrónicas dos nanotubos de carbono, Science 287,2000, 1801-1804.

[25] Smart, S.K., et al., The biocompatibility of carbon nanotubes, Carbon, 44(6), 2006, 1034-1047.

[26] Liu, Z., et al., Preparação de bio-conjugados de nanotubos de carbono para

aplicações biomédicas, Nat Protoc, 4(9), 2009, 1372-82.

[27] Milton SCF, Milton RCD. Uma síntese melhorada em fase sólida de um péptido de sequência difícil utilizando hexafluoro-2-propanol, *Int. J. Peptide Protein Res.* 1990;36: 193-196.

[28] D. Pantarotto, C.D. Partidos, R. Graff, J. Hoebeke, J.-P. Briand, M. Prato, A. Bianco, Síntese, caraterização estrutural e propriedades imunológicas de nanotubos de carbono funcionalizados com péptidos, J. Am. Chem. Soc. 125 (2003) 6160- 6164.

[29] Kam NW, O'Connell M, Wisdom JA, Dai H. Carbon nanotubes as multifunctional biological transporters and near-infrared agents forselective cancer cell destruction, Proc Natl Acad Sci U S A 2005;102(33):11600- 5.

[30]Massood Z. Atashbar, Bruce Bejcek, Srikanth Singamaneni e Sandro Santucci, Biosensores baseados em nanotubos de carbono, 1048-1051, IEEE, 2004.

[31]M. Meyyappan, Carbon Nanotubes: Science and Applications, CRC Press, Boca Raton, FL, 2004.

[32] Dresselhaus, M.S., Dresselhaus, G., e Avouris, P. Carbon Nanotubes: Synthesis, Properties and Applications, Springer Velag, Berlin , 2001.

[33] Liang F, Chen B. A review on biomedical applications of single-walled carbon nanotubes, Curr Med Chem, 17, 2010, 10-24

[34]

[35] B. Merrifield (1963). Síntese de péptidos em fase sólida. I. A síntese de um tetrapeptídeo. J. Am. Chem. Soc.85, 2149-2153.

[36] W. Rapp. L. Zhang, R. Ha'bish e E. Bayer em: Peptides1988, Proceedings of European Peptide Symposium, G. Jung e E. Bayer, Eds., p. 199-201, de Gruyter, Berlim 1989.

[37]. S. Zalipsky, J.L. Chang, F. Albericio e G. Barany, Preparação e aplicação de suportes de resina de enxerto de polietilenoglicol-poliestireno para a síntese de péptidos em fase sólida. React. Polym. 22,1994, 243-258.

[38]. E. Atherton, D.L.J. Clive e R.C. Sheppard, Suporte de poliamida para síntese de polipéptidos. J. Am.Chem. Soc. 97,1975, 6584-6585.

[39]. P. Kanda, R.C. Kennedy e J.T. Sparrow, Síntese de suportes de poliamida para utilização na síntese de péptidos e como conjugados péptido-resina para a produção de anticorpos. Int. J. Peptide Protein Res. 38,1991, 385-391.

[40]. R. Arshady, E. Atherton, D.L.J. Clive e R.C. Sheppard Síntese de péptidos. Parte 1. Preparação e utilização de suportes polares baseados em poli (dimetil acrilamida).J. Chem. Soc., Perkin Trans. 1, 1981, 529-537.

[41]. R. Berg, K. Amdal, W.B. Pedersen, A. Holm, J.P.Tam e R.B. Merrifield, Matriz de filme de polietileno enxertado com poliestireno de cadeia longa: Um novo suporte para a síntese de péptidos em fase sólida. J. Am.Chem. Soc. 111,1989, 8024-8026.

[42]. P.W. Small e D.C. Sherrington, Conceção e aplicação de um novo sistema rígido para a síntese de péptidos em fluxo contínuo de elevada eficiência. J. Chem. Soc.,Chem. Commun.,1989, 1589-1591.

[43]. P.A. Baker, A.F. Coffey e R. Epton em: Inovação e Perspectivas em Sólidos Phase Synthesis, R. Epton, Ed., p. 435-440, SPCC (UK), Birmingham 1990.

[44] . J. Eichler, A. Beinert, A. Stierandova e M. Lebl, Evaluation of cotton as a para a síntese de péptidos em fase sólida. Peptide Res. 4,1991, 296-307.

[45] . C. Mendre, V. Sarrade e B. Calas , Síntese em fluxo contínuo de péptidos utilizando uma resina de gel de poli-acrilamida (Expansin™). Int. J. Peptide Protein Res. 39,1992, 278-284.

[46] . M. Renil e V.N.R. Pillai , Síntese, caraterização e aplicação de suporte de poliestireno reticulado com diacrilato de tetraetilenoglicol para síntese de péptidos em fase de gel, J. Appl. Polym. Sci. 61, 1996,1585-1594.

[47] . H. Becker, H.-W. Lucas, J. Maul, V.N.R. Pillai, H.Anzinger e M. Mutter Polietilenoglicóis enxertados em poliestirenos reticulados: uma nova classe de suportes poliméricos hidrofílicos para a síntese de péptidos, Makromol. Chem., Rapid Commun. 3, 1982,217-223.

[48] . H. Hellermann, H.-W. Lucas, J. Maul, V.N.R. Pillai e M. Mutter, Poli(etilenoglicol)s enxertados em poliestirenos reticulados, 2, Sistemas poliméricos de ancoragem multidetectável para a síntese de péptidos solubilizados, Macromol. Chem. 184,1983, 2603-2617.

[49] . V.N.R. Pillai, M. Renil e V.K. Haridasan (1997). Síntese de tioredoxina sequências parciais num suporte de poliestireno enxertado com

polietilenoglicol com um grupo de ancoragem 2-nitrobenzil fotoliticamente destacável, Ind. J. Chem. 30B, 205-212.

[50] . W. Rapp, L. Zhang e E. Bayer em: Inovação e Perspectivas em Fase Sólida Synthesis, R. Epton, Ed.,p. 205-210, SPCC (UK), Birmingham 1990.

[51] . S. Zalipsky, F. Albericio e G. Barany em: Peptides1985, Proceedings of the Simpósio Americano de Peptídeos, C.M. Deber, V.J. Hryby e K.D. Kopple, Eds.,p. 257-260, Pierce Chemical Company, Rockford1986.

[52] . E.M. Gordon, R.W. Barrett, W.J. Dower, S.P.A.Fodor e M.A. Gallop, Aplicações das tecnologias combinatórias à descoberta de medicamentos. 2. Síntese orgânica combinatória, estratégias de rastreio de bibliotecas e decisão futura, J. Med. Chem. 37,1994, 1385-1401.

[53] . M. Rinnova' e M. Lebl, Molecular diversity and libraries of structures (Diversidade molecular e bibliotecas de estruturas): Síntese e rastreio, Collect. Czech. Chem. Commun. 61,1996, 171-231.

[54] . H.M. Geysen, R.H. Meloen e S.J. Barteling , Utilização da síntese de péptidos para sondar antigénios virais para epítopos com uma resolução de um único aminoácido. Proc.Natl. Acad. Sci. 81, 1984, 3998-4002.

[55] . R.A. Houghten, General method for the rapidphasesynthesis of large numbers of peptídeos: Especificidade da interação antigénio-anticorpo ao nível dos aminoácidos individuais. Proc. Natl Acad Sci. 82,1985,5131-5135.

[56] . E. Campian, F. Sebestyen, F. Major e A. Furka, Síntese de materiais de suporte peptídeos com etiquetas coloridas, Drug Develop. Res. 33,1994, 98-101.

[57] . A. Furka, F. Sebestyen, M. Asgedom e G. Dibo, Método geral para a recolha rápida de dados síntese de misturas de peptídeos multicomponentes, Int. J. Peptide Protein Res. 37,1991, 98-101.

[58] . R.A. Houghten, C. Pinilla, S.E. Blondelle, J.R. Appel,C.T. Dooley e J.H. Cuervo , Generation and use of synthetic peptide combinatorial libraries for basic research and drug discovery, Nature354,1991,86- 90 .

[59] . Garcia-Martin, Fayna, et al. ChemMatrix, um produto à base de poli (etilenoglicol) para a síntese em fase sólida de péptidos complexos, Journal of combinatorial chemistry 8.2, 2006, 213-220.

[60] . J. Vagner, V. Krchnak, N.F. Sepetov, P. Strop, K.S.Lam, G. Barany e M. Lebl in: Innovation and Perspectives in Solid Phase Synthesis, R. Epton, Ed., p.347-352, Mayflower, Kingswinford 1994.

[61] . M. Meldal, I. Svendsen, K. Breddam e F.I. Auzanneau, Portion-mixing bibliotecas peptídicas de substratos fluorogénicos atenuados para o mapeamento completo dos subsítios da especificidade da endoprotease, Proc. Natl Acad.Sci USA 91,1994, 33143318.

[62] . M. Meldal e I. Svendesen, Visualização direta de inibidores de enzimas utilizando um
biblioteca de inibidores de mistura de porções contendo um substrato peptídico fluorogénico extinto. 1: Inibidores da subtilisina, Carlsberg J. Chem. Soc., Perkin Trans. 1, 1995, 1591-1596.

[63] M. Meldal, I. Svendsen, L. Juliano, M.A. Juliano, E.Del Nery e J. Scharfstein (1997). Inibição da cruzipaína visualizada numa biblioteca de inibidores em fase sólida atenuada por fluorescência. Inibidores de D-aminoácidos para a cruzipaína, catepsina B e catepsina, L. J. Peptide J. Peptide Sci. 4,1998, 195-210.

[64] . M. Meldal, PEGA: um polietilenoglicol dimetilacrilamida de fluxo estável copolímero para síntese em fase sólida, Tetrahedron Lett. 33, 1992, 3077-3080.

[65] . F.I. Auzanneau, M. Meldel e K. Bock, Síntese, caraterização e biocompatibilidade das resinas PEGA, J. Peptide Sci. 1, 1995, 31-44.

[66] . M. Meldal, F.I. Auzanneau e K. Bock in: Inovação e Perspectivas em Solid Phase Synthesis, R.Epton, Ed., p. 259-266, Mayflower, Kingswinford 1994.

[67] . M. Meldal em: Solid-phase Peptide Synthesis, G.Fields, Ed., Academic Press, 1997.

[68] . Jacob, Sunil. Reacções em fase sólida suportadas por polímeros utilizando N-Vinil
polímeros derivados da pirrolidona, H. Birkedal-Hansen, W.G.I. Moore, M.K. Bodden,L.J. Windsor, B. Birkedal-Hansen, A. DeCarlo eJ.A. Engler , Matrix mettalo proteinases: a review.Crit. Rev. Ora. Biol. Medi. 4,1993, 197-250.

[69] . M. Meldal e K. Breddam, Anthranilamide and nitrotyrosine as a donor par de aceptores em substratos fluorescentes internamente extintos para endo peptidasesSíntese peptídica multicoluna de substratos enzimáticos para subtilisina Carlsberg e pepsina. Anal.Biochem. 195,1991, 141-147.

[70] . A. Cornish-Bowden em: Análise de dados cinéticos de enzimas, A. Cornish-Bowden,
Ed., Oxford University Press, Oxford 1995.

[71] . P.W. Small e D.C. Sherrington, Conceção e aplicação de um novo suporte rígido para a síntese de péptidos em fluxo contínuo de elevada eficiência, J. Chem. Soc.,Chem. Commun, 1989, 1589-1591.

[72] . N.T. Foged, J.-M. Delaisse', P. Hou, H. Lou, T. Sato,B. Winding e M. Bonde, Quantification ofthe collagenolytic activity of isolated osteoclasts byenzyme-linked immune sorbent assay, J. Bone Mineral Res. 11,1996, 226236.

[73] . M. Renil e M. Meldal, Síntese e aplicação de um polímero PEGA para a síntese de péptidos em fase sólida de fluxo contínuo de alta capacidade, Tetrahedron Lett. 36,1995, 4647-4650.

[74] . (a) Meldal, M. Tetrahedron Lett. 1992, 33, 3077-3080. (b) St. Hilaire, P. M.;
Willert, M.; Juliano, M. A.; Juliano, L.; Meldal,M. J. Comb. Chem. 1999, 1,
509-523. (c) Meldal, M.Biopolymers 2002, 66, 93-100. (d) Meldal,
M.;Svendsen, I.;Juliano, L.; Juliano, M. A.; Nery, E. D.; Scharfstein, J. J.
Pept.Sci. 1998, 4, 83-91.

[75] . M. Meldal, F.-I. Auzanneau, O. Hindsgaul e M.M.Palcic , Uma resina PEGA
para
utilização em fase sólida: síntese enzimática de glicopeptídeos. J. Chem. Soc.,
Chem. Commun., 23, 1994, 1849-1850.

[76] . S.D. Shapiro, C.J. Fliszar, T.J. Broekelmann, R.P.Mecham, R.M. Senior e
H.G. Welgus , Ativação da gelatinase de 92-kDa pela estromelisina e pelo
acetato de 4-aminofenilmercúrio, J. Biol. Chem. 270,1995, 6351-6356.

[77] . M. Renil, M. Meldal, J.M. Delaisse e N. Foged in:Peptides 1996, Proceedings
J. Davies, Eds., Mayflower, Kingwinford 1997.

[78] . M. Meldal , Síntese em coluna múltipla de ligantes em fase sólida temperados
substratos fluorogénicos para a caraterização da especificidade da
endoprotease. Methods: A Companion to Methods Enzymol. 6,1994, 417-424.

[79] . R. Knorr, A. Trzeciak, W. Bannwarth e D. Gillessen (1989). Novo acoplamento
reagentes na síntese de péptidos, Tetrahedron Lett. 30, 1927-1930.

[80] . Bayer, E e Rapp, W , Novos suportes poliméricos para a produção de péptidos
em fase sólida e quente
síntese, Chemistry of Peptides and Proteins, 3,1986, 3-8

[81] . Fields Gregg B., Solid-Phase Peptide Synthesis, Springer protocols, 3, 1998,
527-545

[82] . Barany, G, Kneib-Cordomer, N, e Mullen, D G , Solid-phase peptide
síntese um relatório de aniversário de prata Int J Peptlde Protern Res 30, 1987,
705739.

[83] . Sewald, N. & Jakube, H-D. Peptides: Chemistry and Biology, Wiley-VCH,
2009.

[84] . M. Meldal em: Peptides, Actas do Simpósio Europeu de Peptídeos, C.H.
Schneider e A.N.Eberle, Eds., p. 61-62, ESCOM, Leiden 1993.

[85] . Atherton, E e Sheppard, R C (1989) Solid Phase Peptide Synthesis A
Practical Approach IRL, Oxford, Reino Unido.

[86] . Tulla-Puche J, Torres A, Calvo P, Royo M, Albericio F, N,N,N',N'-tetrametil
cloro formamidínio hexafluoro fosfato (TCFH), um poderoso reagente de
acoplamento para bioconjugação, Bio conjug Chem.,19(10), 2008 ,1968-71.

[87] . Davies, J. S. The cyclization of peptides and depsipeptides. J. Pept. Sci.
9,2003, 471-501.

[88] Fields, G B e Noble, R L , Solid phase peptide synthesis utthzing 9-
fluorenylmethoxycarbonyl amino acids Int J Peptzde Protein Res 35, 1990,
161-214.

[89] Thordarson P, Le Droumaguet B e Velonia K, Proteína-polímero bem definido conjugados-síntese e potenciais aplicações Appl. Microbiol

.

Biotechnol.73,2006, 243-54.

[90] Fields, G B, Tian, Z, e Barany, G Principles and practice of solid-phase peptide synthesis, em Synthetic Peptides A User's Guide (Grant, G A, ed), W H Freeman & Co, New York,1992, 77-183.

[91] Merrifield, R B Síntese de péptidos em fase sólida I síntese de um tetra péptido J Am Chem Soc , 85,1963, 2149-2154.

[92] Wang J, Biossensores electroquímicos baseados em nanotubos de carbono: uma revisão Electro analysis 17,2005,7-14.

[93] Wei W, Sethu raman A, Jin C, Monteiro-Riviere N A e Narayan R J , Biological properties of carbon nanotubes J. Nanosci. Nanotechnol. 7, 2007,1284-97.

[94] Cui D X, Advances and prospects on biomolecules functionalized carbon nanotubes J. Nanosci. Nanotechnol.7,2007,1298-314.

[95] Chen X, Lee G S, Zettl A e Bertozzi C R, Bio mimetic engineering of carbon nanotubos utilizando mucinamiméticos da superfície celular Angew. Chem. Int. Edn 43, 2 004,6111-6.

[96] Davis J J, Coles R J e Hill H AO, Protein electrochemistry at carbon nanotube electrodes J. Electro anal. Chem. 440,1997, 279-82.

[97] Davis J J, Green M L H, Hill H A O, Leung Y C, Sadler P J,Sloan J, Xavier A V e Tsang S C , The immobilisation of proteins in carbon nanotubes Inorg. Chim. Ata. 272, 1998, 261-6.

[98] Ajayan P M , Nanotubos de carbono Chem. Rev.99,1999,1787-99.

[99] Baughman R H et al , Carbon nanotube actuators Science, 284,1999,1340- 4.

[100] Katz E e Willner I, Biomolecule-functionalized carbon nanotubes: applications in nano bioelectronics ChemPhys Chem 5,2004, 1085-104.

[101] Niyogi S, Hamon M A, Hu H, Zhao B, Bhowmik P, Sen R, Itkis M E e Haddon R C , Chemistry of single-walled carbon nanotubes Acc. Chem. Res.35,2002,1105-13.

[102] Nguyen C V, Delzeit L, Cassell A M, Li J, Han J e Meyyappan M Preparação de matrizes de nanotubos de carbono funcionalizadas com ácido nucleico Nano Lett.2, 2002, 1079-81.

[103] Mickelson E T, Huffman C B, Rinzler A G, Smalley R E, Hauge R H e Margrave J L , Fluorination of single-wall carbon nanotubes Chem. Phys. Lett. 296, 1998,188-94.

[104] Hermanson G T 1996 Bioconjugate Techniques (San Diego, CA: Academic).

[105] Thordarson P, Atkin R, Kalle W H J, Warr G G e Braet F, Developments in using scanning probe microscopy to study molecules on surfaces-from thin films and single-molecule conductivity to drug-living cell interactions Aust. J. Chem. 59,

2006, 359-75.

[106] Yu X et al, Carbon nanotube amplification strategies for highly sensitive immune detection of cancer biomarkers J. Am. Chem. Soc. 128,2006, 11199205.

[107] Yang W R, Hibbert D B, Zhang R, Willett G D e Gooding J J , síntese por etapas de gly-gly-his em superfícies de ouro modificadas com monocamadas mistas automontadas, Langmuir 21,2005,260-5.

[108] Lee C-S, Baker S E, Marcus M S, Yang W, Eriksson M A e Hamers R J, Funcionalização biomolecular eletricamente endereçável de eléctrodos de nanotubos de carbono e nanofibras de carbono Nano Lett.4,2004, 1713-6.

[109] Yang W R, Moghaddam M, Taylor S, Bojarski B, Wieczorek L, Herrman J e McCall M 2007 Nanotubos de carbono de parede simples com reconhecimento de ADN Chem. Phys. Lett.443,169-72.

[110] Wang J, Musameh M e Lin Y H , Solubilização de nanotubos de carbono por Nafion para a preparação de biossensores amperométricos J. Am. Chem. Soc. 125,2003,2408-9.

[111] Moghaddam M J, Taylor S, Gao M, Huang S M, Dai L M e McCall M J, Ligação altamente eficiente do ADN às paredes laterais e às pontas dos nanotubos de carbono utilizando a fotoquímica Nano Lett. 4, 2004,89-93.

[112] T. S. Balaban, M. C. Balaban, S. Malik, F. Hennrich, R. Fischer,H. Rosner e M. M. Kappes, Adv. Mater. Rosner e M. M. Kappes, Adv. Mater, 18, 2006, 2763-2767.

[113] March J 1992 Advanced Organic Chemistry: Reactions, Mechanisms, and Structure (Nova Iorque: Wiley).

[114] Prato M, Li Q C, Wudl F e Lucchini V , Addition ofazides to C-60- synthesis of azafulleroids J. Am. Chem. Soc.115,1993,1148-50.

[115] Pantarotto D, Partidos C D, Graff R, Hoebeke J, Briand J P, Prato M e Bianco A , Síntese, caraterização estrutural e propriedades imunológicas de nanotubos de carbono funcionalizados com péptidos J. Am. Chem. Soc.125 , 2003, 6160-4.

[116] Besteman K, Lee J O, Wiertz F G M, Heering H A e Dekker C, Enzyme- coated carbon nanotubes as single-molecule biosensors Nano Lett.3,2003 ,72730.

[117] Tsang S C, Guo Z, Chen Y K, Green M L H, Hill H A O, Hambley T W e Sadler P J, Imobilização de oligo-nucleótidos platinados e iodados em nanotubos de carbono Angew. Chem. Int. Edn 36,1997,2198-200.

[118] Chen R J, Bangsaruntip S, Drouvalakis K A, Kam N W S, Shim M, Li Y M, Kim W, Utz P J e Dai H J Funcionalização não covalente de nanotubos de carbono para biossensores electrónicos altamente específicos Proc. Natl Acad. Sci.USA 100,2003, 4984-9.

[119] KimW, Javey A, Vermesh O, Wang O, Li Y M e DaiH J, Hysteresis caused by water molecules in carbon nanotube field-effect transistors Nano Lett.3, 2003,193-8.

[120] Wang D W, Wang Q, Javey A, Tu R, Dai H J, Kim H, McIntyre P C, Krishna mohan T e Saraswat K C ,Germanium nanowire field-effect transistors with SiO2 and high-kappa HfO2 gate dielectrics Appl. Phys. Lett.83,2003,2432-4.

[121] Shim M, Kam N W S, Chen R J, Li Y M e Dai H J , Functionalization of carbon nanotubes for biocompatibility and biomolecular recognition Nano Lett. 2,2002, 285-8.

[122] Chen R J, Zhang Y G, Wang D W e Dai H J, Funcionalização não covalente da parede lateral de nanotubos de carbono de parede simples para imobilização de proteínas J. Am. Chem.Soc. 123, 2001,3838-9.

[123] Lynam C, Moulton S E e Wallace G G Biofibras de nanotubos de carbono Adv. Mater. 19, 2007,1244.

[124] Willner I 2002 Biomateriais para sensores, células de combustível e circuitos Ciência
2982407-8.

[125] Baird, C. L.; Myszka, D. G. J. Mol. Recognit. 14, 2001, 261-268.

[126] Beignon, A. S.; Briand, J.-P.; Muller, S.; Partidos, C. D. Immunology2001,102, 344-351.

[127]. A. Koshio, M. Yudasaka, M. Zhang e S. lijima, Nano Lett.,1, 2001,361 363.

[128]. W. Wu, S. Zhang, Y. Li, J. X. Li, L. Q. Liu, Y. J. Qin, Z. X. Guo,L. M. Dai, C. Ye e D. B. Zhu, Macromolecules,36, 2003, 6286-6288.

[129]. R. Blake, Y. K. Gun'ko, J. Coleman, M. Cadek, A. Fonseca,J. B. Nagy e W. J. Blau, J. Am. Chem. Soc.,126, 2004, 10226-10227.

[130]. J. N. Coleman, M. Cadek, R. Blake, V. Nicolosi, K. P. Ryan,C. Belton, A. Fonseca, J. B. Nagy, Y. K. Gun'ko e W. J. Blau, Adv. Funct. Mater.,14, 2004, 791-798.

[131]. S. H. Qin, D. Q. Qin, W. T. Ford, D. E. Resasco e J. E. Herrera,Macromolecules,37,2004, 752-757.

[132]. Y. Q. Liu, Z. L. Yao e A. Adronov, Macromolecules, 38,2005, 1172-1179.

[133]. M. S. P. Shaffer e K. Koziol, Chem. Commun, 2002, 2074-2075.

[134] . S. J. Park, M. S. Cho, S. T. Lim, H. J. Choi e M. S. Jhon, Macromol. Rápido Commun, 24, 2003, 1070-1073.

[135] . S. H. Qin, D. Q. Qin, W. T. Ford, J. E. Herrera e D. E. Resasco,
[136] Macromolecules, 37, 2004, 9963-9967.

[1]. French, Alister C.; Thompson, Amber L.; Davis, Benjamin G, High Purity Discrete PEG Oligomer Crystals Allow Structural Insight,. *Angewandte Chemie International Edition* 48 (7), 2009, 1248-1252.

[2]. Vivaldo-Lima, E., Wood, P., and Hamielec, A., An Updated Review on Suspension Polymerization, Ind. Eng. Chem. Res. 36, 1997, 939-965.

[3]. M.V. Dimonie, C.M. Boghina, N.N. Marinescu, M.M. Marinescu, C.I. Cincu, C.G. Oprescu, Inverse suspension polymerization of acrylamide, Eu Pept Sci. 1998

May;4(3):195-210.

[4]. Auzanneau FI, Meldal M, Bock K, Síntese, caraterização e biocompatibilidade de resinas PEGA, J Pept Sci. 1(1), 1995, 31-44.

[5]. Renil M, Ferreras M, Delaisse JM, Foged NT, Meldal M.ropean, PEGA supports for combinatorial peptide synthesis and solid-phase enzymatic library assays, Polymer Journal, 18(7), 1982, 639-645.

[6]. McMullan, D. Scanning electron microscopy 1928-1965, Scanning 17 (3), 2006, 175.

[7]. Haris P, Chapman D, The conformational analysis of peptides using Fourier transform IR spectroscopy,Biopolymers. 37(4), 1995, 251-63.

[8]. Santini, R.; Griffith, M. C.; Qi, M, A Measure of Solvent Effects on Swelling of Resins for Solid Phase Organic Synthesis,Tetrahedron Lett. 1998,39,89518954.

[9]. Schaffert D, Badgujar N, Wagner E., Novos Fmoc-poliaminoácidos para a síntese em fase sólida de poliamido aminas definidas org.Lett., 13(7), 2011, 1586-9.

[10] . B. Merrifield (1963). Síntese de péptidos em fase sólida. I. A síntese de um tetrapeptídeo. J. Am. Chem. Soc.85, 2149-2153.

[11] . R. Knorr, A. Trzeciak, W. Bannwarth e D. Gillessen , Novos reagentes de acoplamento na síntese de péptidos. *Tetrahedron Lett.* 30, 1989, 1927-1930.

[12] . E. Sudha,P. Sivaswaroop, K. P. Subhash Chandran, análogo de peptídeo de neuromedina anexado a nanotubos de carbono para desencadear vias intercelulares J. Chem. & Cheml. Sci. Vol.4 (1), 2014, 51-57.

[13] . Gerber, F.; Krummen, M.; Potgeter, H.; Roth, A.; Siffrin, C.; Spoendlin, C., Practical aspects of fast reversed-phase high-performance liquid chromatography using 3 pm particle packed columns and monolithic columns in pharmaceutical development and production working under current good manufacturing practice, Journal of Chromatography A, 1036 (2), 2004, 127-133.

[14] . Produtos químicos e reagentes, 2008-2010, Merck.

[15] . Cestari I, Stuart K. Um ensaio espetrofotométrico para a medição quantitativa da atividade da aminoacil-tRNA sintetase. *Journal of biomolecular screening,* 18(4), 2013, 490-497.

[16] . Dillwith JW, Nelson JH, Pomonis JG, Nelson DR, Blomquist GJ, Um estudo 13C-NMR da síntese de hidrocarbonetos ramificados metil na mosca doméstica. J Biol Chem 257, 1982, 11305-11314.

[17] . H. T. Clarke e W.R.Kirner, *Vermelho de* Metilo, *Org. Synth.; Coll. Vol.* 1, 1941, 374.

[18] . Alfred L. Yergey, Jens R. Coorssen, Peter S. Backlund Jr., Paul S. Blank, Glen A. Humphrey, Joshua Zimmerberg, Jennifer M. Campbell, Marvin L. Vestal, De novo sequencing of peptides using MALDI/TOF-TOF, Journal of the American Society for Mass Spectrometry, 13(7), 2002, 784-791.

[19] . Nikolaos Karousis, Nikos Tagmatarchis, e Dimitrios Tasis, Progressos actuais na modificação química de nanotubos de carbono, Chemical Reviews 110 (9), 2010,

5366-5397.

[20] . Jan Prasek, Jana Drbohlavova,a Jana Chomoucka, Jaromir Hubalek, Ondrej Jasek, Vojtech Adam e Rene Kizek, Methods for carbon nanotubes synthesis-review, J. Mater. Chem., 21, 2011, 15872 .

[21] . Satishkumar, B.; Govindaraj, A.; Sen, R.; Rao, C. Nanotubos de parede simples por pirólise de misturas acetileno-organometálicas.Chem. Phys. Lett. 293, 1998, 47-52.

[23] . Su, M.; Zheng, B.; Liu, J. Um método CVD escalável para a síntese de nanotubos de carbono de parede simples com elevada produtividade do catalisador. Phys. Lett. 322, 2000, 321-326.

[24] . Dai, H. Controlo do crescimento de nanotubos. Phys. World, 13 (6), 2000, 43-47.

[25] . V. Wal, L. Randall e T.M. Ticich, "Flame and FurnaceSynthesis of Single-Walled and Multi-Walled Carbon Nanotubes and Nanofibers," Journal of Physical ChemistryB, 105 (42), 2001, 10249-10256.

[26] . Louis A. Carpino, Shahnaz Ghassemi, Dumitru lonescu, Mohamed Ismail, Dean Sadat-Aalaee, George A. Truran, E. M. E. Mansour, Gary A. Siwruk, John S. Eynon e Barry Morgan, Rapid, Continuous Solution-Phase Peptide Synthesis: Application to Peptides of Pharmaceutical Interest, Organic Process Research & Development 7 (1), 2003,28-37.

[27] . Dai, H. Nanotube Growth and Characterization. Carbon Nanotubes, Springer: Berlim, 2001, 29-53.

[28] . L. Meng ,C. Fu ,Q. Lu, Tecnologia avançada para a funcionalização de nanotubos de carbono. Progresso em Ciências Naturais, 2009, 801 - 810.

[29] . Vardharajula, Sandhya et al. "Functionalized Carbon Nanotubes: Biomedical Applications". *Jornal Internacional de Nanomedicina* 7, 2012, 5361-5374.

1. Zheng Wang, RuLei Yang, JunDong Zhu ,Resinas poliméricas relacionadas com PEG como suportes sintéticos Science China Chemistry, 53(9),2010, 1844.

2. Renil M, Ferreras M, Delaisse JM, Foged NT, Meldal M. , PEGA supports for combinatorial peptide synthesis and solid-phase enzymatic library assay, J.Pept Sci. 4(3),1998, 195-210.

3. Galpin I, J. Amino Acids, Peptides and Proteins, The Royal Society of Chemistry, Burlington House, London,16, 1985, 272- 341.

3. Atherton E, Gait M.J, Sheppard R C, William B, J.Bio *Org Chem.8,1979,* 351-4.

4. Sheppard, R C. em "Peptides 1971, Proc. Of the[11th] Europ.pept. sym", Nesvadba, H. Eds., North Holland: Amesterdão, 1973, 111-4.

5. Barany G, Albericio F, Sole N. A, Griffin G.W, Kates, S.A , Hudson D, em "Peptides. 1992, Proc. 22nd Europ. Pept. Symp.", Schneider C. H, Eberle A. N. Eds, ESCOM, Leiden, 1993, 267-9.

6. (a) Meldal, M. *7etrahedron Lett.* 1992, pp. 33, 30,77.

(b) Auzanneau, F. 1.; Meldal, M.; Bock, K. *J. Peptide Sci.* 1995, pp. 1, 31.

7. Small P. W, Sherrington D. C, *J. Chem. Soc. Chem. Commun.* 1989, pp. 15,89.

8. Roice M, Kumar K. S, Pillai V. N. R, *Macromolecules* 1999, 32, 8807.

9. Lek Pharmaceuticals d.d, Kolodvorska, Menges, Sloveniab, Diagen d.o.o., Sp. Gameljne, Ljubljana, *Ata Chim. Slov.* 2005, *52, 34.*

10. Barany G, Merrifield R.B, em "The Peptides: Analysis, Synthesis and Biology" Vol:2, Gross E, Meienhofer J, Eds, Academic Press: Nova Iorque, 1980, pp. 1-228.

11. Vasile-Dan Hodoroaba, Charles Motzkus, Tatiana Macé e Sophie Vaslin-Reimann , Performance of High-Resolution SEM/EDX Systems Equipped with Transmission Mode (TSEM) for Imaging and Measurement of Size and Size Distribution of Spherical Nanoparticles, Microscopy and Microanalysis, 20,2014, 602-612.

12. Sudha E., Sivaswaroop.P, Subhash Chandran K. P., Síntese, Modificação e Atividade Antimicrobiana da Matriz de Nanotubos de Carbono, Orbital: a revista eletrónica de química, 6(3), 2014, 178-183.

13. Sinar A.A., Nur Azni M.A., Firuz Z., Hazizan M.A., Siti Shuhadah M.S., Sahrim H.A.,Método de tratamento para dispersão de nanotubos de carbono: Uma revisão do Fórum de Ciência dos Materiais, Volume 803, 2015, 299-304.

14. Lingjie Meng, Chuanlong Fu, Qinghua Lu, Advanced technology for functionalization of carbon nanotubes, Progress in Natural Science, Volume 19, Issue 7, 10 de julho de 2009, 801-810.

15. Zhang Y, Bai Y, Yan B,Functionalized carbon nanotubes for potential medicinal applications. Drug Discov Today. 2010 Jun; 15(11-12):428-35.

16. Weijie Huang, Shelby Taylor, Kefu Fu, Yi Lin, Donghui Zhang, Timothy W. Hanks, Apparao M. Rao, Attaching Proteins to Carbon Nanotubes via Diimide-Activated Amidation , Nano Letters 2 (4), 2002, 311-314.

17. Singh Y, Dolphin GT, Razkin J, Dumy P, Synthetic Peptide templates for molecular recognition: recent advances and applications,Chembiochem. 7(9), 2006, 1298-314.

18. http://www.intertek.com/pharmaceutical-physical-characterization-surface-area-porosidade

[137] Alessia Battigelli, Cécilia Ménard-Moyon, Tatiana Da Ros, Maurizio Prato, Alberto Bianco, Dotando os nanotubos de carbono de propriedades biológicas e biomédicas através de modificações químicas, *Advanced Drug Delivery Reviews,* 65,2013, 15,1899.

[138] Singh Y, Dolphin GT, Razkin J, Dumy P, Synthetic Peptide templates for reconhecimento molecular: avanços recentes e aplicações,Chembiochem. 7(9), 2006, 1298-314.

[139] . T. W. Ebbesen, H. J. Lezec, H. Hiura, J. W. Bennett, H, F. Ghaemi, T. Thio,

Condutividade eléctrica de nanotubos de carbono individuais, *Vatwre* 382, 1996, 54 - 56.

[140] . Roberto Ramoni *et al*, Carbon nanotube-based biosensors, *J. Phys: Condens. Matéria* 20,2008,474-482

[141] Zhou M, Shang L, Li B, Huang L, Dong S, Carvões mesoporosos altamente ordenados

como material de elétrodo para a construção de biossensores electroquímicos à base de desidrogenase e oxidase, Biosens Bioelectron. , 24(3), 2008, 442-7.

[142] . Luong JH, Male KB, Hrapovic SRecent Pat, Baseado em nanotubos de carbono

plataformas electroquímicas de biossensores: fundamentos, aplicações e possibilidades futuras, Biotechnol. 1(2), 2007, 181-91.

[143] . Gui, X., Wei, J., Wang, K., Cao, A., Zhu, H., Jia, Y., Shu, Q. & Wu, D. Carbono esponjas de nanotubos. *Adv. Mater.* Publicado online: 9 Nov: 2009

Printed by Books on Demand GmbH, Norderstedt / Germany